LOCUS

LOCUS

你能懂——

千禧蟲危機

鄒景平・張成華 著

明日工作室

侯吉諒
劉叔慧
楊雅雯
莊琬華
張成華
姚人瑋

聯合製作

tomorrow 07
溫世仁　監製
千禧蟲防治造型設計／蔡志忠

你能懂——千禧蟲危機

鄒景平・張成華／合著
繪圖：阿六
流程控制：楊雅雯
製作：明日工作室

法律顧問：全理法律事務所董安丹律師
出版者：大塊文化出版股份有限公司
台北市117羅斯福路六段142巷20弄2-3號
讀者服務專線：080-006689
TEL：(02)29357190　FAX：(02) 29356037
信箱：新店郵政16之28號信箱
郵撥帳號：18955675　　戶名：大塊文化出版股份有限公司
e-mail:locus@locus.com.tw

行政院新聞局局版北市業字第706號
版權所有　翻印必究

總經銷：北城圖書有限公司
地址：台北縣三重市大智路139號
TEL：(02) 2981-8089 (代表號)
FAX：(02) 2988-3028　2981-3049
初版一刷：1999年3月
二版 2 刷：1999年4月
定價：新台幣150元
ISBN　957-8468-78-4
Printed in Taiwan

明明德　日日新

明日工作室宣言

歷史的演變和進動，人，是最大的因素。任何創造或毀滅，成功或失敗，都源自於人和人的行爲。挑戰自己的極限，朝更美好的未來邁進是人類的天性。

試圖擺脫自己個人狹隘的自我、血統、地域的觀念囚牢，而令自己能自由地通行於時空之中不爲其所困囿，打造出更美好的明天和未來，相信這是所有人類共同的期望，而這也就是我們成立明日工作室的原因。明日工作室集合了很多優秀的人才，成立了專業寫書、著作的團體。期望能寫出一些對人類的未來和理想有益的書。

明日，有兩種意思。

一個就是明天TOMORROW，未來的理想、目標像似很遙遠……而明日，就比較眞實，人人都能比較清楚的掌握。我們要打造美好的明天，今天就應該開始做。

明日的另外一個意思是『明明德、日日新。』

明明德，就是知道過去、未來；知道倫理、文化和世間的規則；知道理想、目標。善用過去原本具有的知識、智慧等人類的共同資產，並遵循久遠以來的道德規範。

日日新，就是每天除去一些過去的錯誤觀念與缺點，每天學得新知識、技能，使自己慢慢朝向更完善的境界更接近一點點，向更美好的光明未來進化、躍昇。

就像三百多年前牛頓曾說：『我會有少許成就，是因爲我正踩在巨人的肩膀上。』過去人類所積累的知識和無數的智慧結晶，是人類的共同資產，也是牛頓所說的巨大的肩膀。明明德就是有效的運用巨人的肩膀，並遵奉過去所傳承下來的良好道德規範。日日新就是日復一日永續地朝向更美好的明日邁進，以上是我們成立明日工作室的理想，也是我們寫作出書的方針，歡迎有志一同的人加入明日工作室，來和我們一起共同「打造美好的明日」。

明日工作室

專業寫作公司

創 辦 人　溫世仁　蔡志忠

副總經理　侯吉諒

主　　編　劉叔慧

編　　輯　侯延卿　劉叔秋
楊雅雯　張成華
姚人瑋

助理編輯　莊琬華

助理秘書　李雨澄

電話：02-25703668

傳真：02-25703668

郵政信箱：台北郵政36-403號信箱

E-mail：futurism@m2.dj.net.tw
tpoffice@tomor.com

網址：www.tomorrowstudio.com.tw

【序二】

需要所有的人一起努力

（楊世緘，行政院政務委員、國家資訊基礎建設推動小組召集人）

楊世緘

由於電腦發明之初，受限於當時之科技、習俗及既有之資源，爲有效節省記憶體空間及增加處理速度，便以兩位數字代表年序，然而當公元兩千年來臨時，將造成電腦在年序之判斷產生錯誤，造成資料處理之重大危機。由於電腦已在全世界各國普及應用，因此，Ｙ２Ｋ的問題已深入而廣泛的引起全球性的影響。Ｙ２Ｋ的問題迫在眉睫，

亟需所有的人去正視、面對與解決。

　　Ｙ２Ｋ的問題十分的嚴重，舉凡業務運用到電腦處理有年分資料者，大都會受影響，如企業內部之管理性應用系統，像財務管理、物料管理、生產管理、銷售管理、庫存管理、人事管理、薪資管理……等，除了電腦設備會受影響外，在自動化生產設備及程控、監控等設備中嵌有微處理晶片（ＩＣ）者，例如可程式的控制器、智慧型儀表、排程控制器、機械手臂等設備。此外，如電力、空調、電梯、保全、消防及一般辦公事務設備如電話交換機、影印機、傳眞機等，也均有與日期有關之晶片，也都會受影響；使用電腦及儀器設備運用於日常業務之行業，如金融業、證券業、電信業、醫療服務業及製造業

等，受到的影響最大，又這幾個行業與人民生活息息相關，幾乎各行各業都會受到波及，如不妥愼因應的話，將嚴重影響到國家經濟、社會治安及人民生命財產，所以Ｙ２Ｋ危機已成爲全球性共同亟待解決之問題。

政府非常重視國內對這個問題的處理，行政院已成立「因應Ｙ２Ｋ資料年序危機報院列管體系」，並在一九九八年四月通過「公元兩千年資訊年序危機緊急應變方案」，選定對於會影響國家安全、經濟發展、社會秩序及與人民生命財產有關之行業予以列管，列管項目計有警政、地政、稅務、關務、電力、石油、航管、儲匯、交通號誌、自來水、捷運等廿一個體系及金融、證券、製造、電信、醫療服務等

五大業別，全力輔導並限期完成，至一九九八年十二月的進度顯示，大都尚能符合緊急應變方案之計畫進度。我們也特別關心民間產業的因應，已擬訂優惠貸款及投資抵減租稅之具體措施，並成立技術服務團及稽核服務團，協助業者因應。藉此機會我要特別強調各公民營單位不論有無修復完成，均應擬妥備援替代計畫，使衝擊減到最低。

然而，對一般民眾而言，可能對Ｙ２Ｋ這個全球性的世紀問題，仍然感到陌生，也不十分了解Ｙ２Ｋ和個人有什麼關係？最普遍的想法無非是：Ｙ２Ｋ？那不是屬於電腦的高科技問題嗎？和我們一般人的生活有什麼關係？一些公司行號的負責人也因東亞金融風暴的襲擊，無心處理這個問題，並認爲，等到事情眞的發生了以後再說。殊

不知，Y2K如果不及早防範處理，等到問題發生，不但會對個人造成許多不便與損失，「善後」的工作也將使企業付出極爲慘重的代價。

本書作者鄒景平小姐是國內對Y2K問題有相當研究的專家，她曾經深入訪問了許多企業，宣導對Y2K問題的重視，並協助他們處理Y2K，對Y2K可能造成的影響，有非常深入的評估。張成華先生則用淺顯的文字，把Y2K這個錯綜複雜的問題分析得非常清楚，相信對所有的讀者來說，閱讀本書，不但可以了解Y2K問題發生的原因，可能造成的影響，並可以知道在實際生活中，如何採取有效的措施，使自己可能受到的損失減到最少。

個人衷心期望，所有看過這本書，並從中得到啓示的讀者們，都能夠向你的親朋好友宣導Ｙ２Ｋ問題的嚴重，並一起採取有效的防治措施，因爲，在Ｙ２Ｋ這個廣泛而深入的問題上，確確實實需要所有的人，一起努力、奮鬥，這樣，我們才能安然渡過Ｙ２Ｋ帶來的危機。

【序二】

最大的災難

——使個人可能受到的損失減到最少

（果芸，資策會副董事長兼執行長）

電腦，是工業革命之後最偉大的發明，其快速運算的能力和各種程式的廣泛運用，數十年間改變了人類文明的發展，高科技帶來的便利，幾乎使人們相信，一個美好而理想的未來世界，是指日可以實現的。

然而，由於一個很小的疏忽，或者原以爲並不太嚴重的問題，人類也即將要爲電腦科技的運用，付出歷史上最龐大的代價。

保守估計，解決千禧蟲（Ｙ２Ｋ）危機的代價高達六千億美元，這還不包括如果發生問題之後的復原重建。

最重要的是，不管用不用電腦，任何人，在任何地方，都無法自外於Ｙ２Ｋ帶來的災害。

沒有人可以確實告訴我們，Ｙ２Ｋ危機會發生什麼事情，這也意謂著，什麼事都有可能發生。

小從個人的銀行存款紀錄、醫院檢查結果，大到企業的作業流程、客戶資料、財務管理，工廠的生產與控制，整個社會的交通與秩

序，國家與國家之間軍事的武器管制、防禦和攻擊，新聞媒體的運作等等，所有你想像得到的範圍，都可能發生重大的危機，並且造成極爲嚴重的災難。而且所有的影響都會有連鎖反應。即使一個人、一個企業、一個國家可以克服Ｙ２Ｋ危機，他還是不能避免受到Ｙ２Ｋ的影響。

然而危機也是轉機，由於Ｙ２Ｋ是人類共同的問題，歷史上人們從來沒有過這樣的經驗——地不分東西南北，人不分種族，大家必須完全沒有私心的共同合作，才能解決Ｙ２Ｋ這樣「一個」問題。

本書兩位作者用深入淺出的角度，讓大眾了解Ｙ２Ｋ這樣一個並不容易說明的科技問題，個人認爲，基本上也是體現「地球村」村

民的社會責任，相信所有閱讀這本書的讀者，不但可以因爲這本書而了解Ｙ２Ｋ是什麼，而且可以因爲本書，使個人可能受到的損失減到最少。

【序三】

現在不管Y2K，明天就出局

——Y2K, Now or too Late!!

吳思鍾

（吳思鍾，西陵電子股份有限公司董事長、台灣區電機電子工業同業公會理事長）

我在一九九八年四月下旬接任台灣區電機電子工業同業公會理事長一職，就任以來，有感於千禧年年序錯亂危機（Ｙ２Ｋ）迫在眉睫，而電機電子業涵蓋資訊通訊、半導體、光電、３Ｃ等產業，居產業之中流，所以非常希望產業界，甚至全體國民能夠了解問題的嚴重

性，儘速採取必要的因應措施，企業與民間全體總動員，大家攜手併肩，同心協力，共同爲解決此一跨世紀的危機而努力。

公元二〇〇〇年對我國經濟及產業發展前途而言，是非常重要的一年，因爲專家指出，全世界都將面臨電腦及程、監控系統因使用兩位數來代表西曆年份，而無法順利過渡到公元二〇〇〇年的困境，影響所及，將可能造成工廠停擺、工安事故、帳務紊亂、金融系統錯誤等世紀末全球大亂景象。根據國外的資料顯示，將近有九成的企業受衝擊，其中的一成企業並將因此倒閉，尤其是資訊化程度愈高的企業，所受到的衝擊也就愈大。

但是根據統計，國內的中小企業仍有百分之四十未採取行動，依

Ｙ２Ｋ的作業時程表推算，到一九九九年六月底，台灣製造業將有一半以上無法完成這世紀大病毒的測試工作。在如此急迫的時間下，如何喚醒企業界和國人對Ｙ２Ｋ問題的危機意識，並了解Ｙ２Ｋ問題是「現在不管Ｙ２Ｋ，明天就出局！（Y2K, Now or Too Late!!）」個人認爲亟需要一本淺明易懂的Ｙ２Ｋ專書，告訴每一個人Ｙ２Ｋ是甚麼？它會帶來甚麼災難？又該如何來解決這個問題。

正在思量如何寫一本人人能懂，又可以將Ｙ２Ｋ的來龍去脈解釋得非常清楚的書籍，沒想到這本書已經要出版了。由明日工作室策劃的《你能懂——千禧蟲危機》，就是我心目中宣導Ｙ２Ｋ問題的嚴重性，以及提供解決之道最理想的一本書。該書作者鄒景平女士，是

Ｙ２Ｋ問題方面的專家，訪問了國內許多企業，幫助他們解決這個棘手的世紀病毒，而另一位作者張成華，使原來可能非常艱澀的專業內容，轉化成人人可讀的文章。經由兩人的合作，《你能懂——千禧蟲危機》一書爲千禧蟲宣導工作創造了一個良好的典範。

希望大家在看過《你能懂——千禧蟲危機》這一本書以後，一定要大家告訴大家，千禧蟲危機的嚴重性和迫切性，以及千禧蟲是一個「現在不管Ｙ２Ｋ，明天就出局！（Y2K, Now or Too Late!!）」的問題，並進而以最快的速度，動手解決這個影響產業和國家發展的大問題。

目錄

第二章　千禧蟲可能引發的災難 71

第三章　不解決千禧蟲的後果　115

附錄 千禧蟲網站介紹 165

【自序】沿街叫斷賣花聲

鄒景平

（鄒景平，資策會教育訓練處顧問工程師，明日工作室客座作家）

「沿街叫斷賣花聲，大街小巷深處行，不是有人聽不見，有關情與不關情」。這是一位宋朝和尚寫的詩，用來比喻現在台灣千禧蟲因應的現況，極爲貼切。雖然政府已經推動了許多因應措施，台灣的報章雜誌也多所報導，仍然有許多人對千禧蟲的來龍去脈，和它可能對世界、對自己造成的影響，搞不清楚。

當「明日工作室」告訴我，想出一本能讓社會大眾很快了解千禧蟲的書時，讓我十分佩服。雖然之前我也曾想過要寫這樣的書，但都因爲考慮到書的市場，時間有限，和自己工作繁忙而作罷。而「明日工作室」卻以社會需要的角度出發，不計成本的來實現社會一份子的良知，是讓我欽羨之處。

任誰也想像不到，由於電腦與微處理器晶片的普遍使用，會釀成世紀末的這場科技大風暴。雖然我們無法確知它的暴風半徑有多大，威力有多強，但可以肯定的是它一定會來，而且一定會造成一些災害。像1999年元旦瑞典機場的電腦當機，使得機場無法發出旅客臨時簽證，而造成秩序混亂場面，就是千禧蟲來臨的前奏！

既然這場科技風暴一定會來臨，我們所能做的就是抓緊時機，在它來之前盡力防範，預防工作做得愈多，災害的損失就愈少，只要我們比競爭者做得好，少輸為贏，我們就能在新世紀佔得先機！

我在１９９８年九月加入工業局Ｙ２Ｋ技術服務團，走訪了四十餘家大小廠商，北部的大、小工業區，幾乎都走遍了，對我而言，眞是一段難得的經歷！

在訪視中，我發現有些廠商積極因應千禧年危機，並且熱切的願意分享經驗，也有些廠商才在剛開始階段，最讓人擔心的是，很多企業都輕忽了生產、研發設備與檢驗儀器的Ｙ２Ｋ問題。

由於台灣的製造廠商總共有八萬多家，服務團難以一一走訪，工

業局爲擴大宣導層面，在1999年初改由各個產業公會來宣導並交流Y2K的因應經驗，政府在防禦千禧蟲危機上做了很多事情，許多參考資料和最新的國內、外消息都公佈在政府網站上，希望大家多多利用。

感謝張成華先生的協助，才能使這本書跟大家見面，同時我也要謝謝溫世仁先生、侯吉諒副總的鼎力支持，最後更要謝謝楊政務委員、果執行長在百忙之中，爲這本書寫序。

千禧蟲危機其實也是轉機，就像每年年尾我們做年終大掃除一樣，千禧蟲危機讓我們有機會在世紀末，重新檢視公司及個人的資產，對它們做全面清查、整理、修改，並趁機汰舊換新，使我們能用

更新的設備與電腦系統，嶄新的門面與心情，來迎接千禧年的第一道晨曦！

前言

世紀災難

1998年12月11日，來自一百二十多個國家的代表，在聯合國紐約總部集會，正式向千禧蟲宣戰。因為千禧蟲不是某人、某單位、某企業、某組織或某國家的問題，千禧蟲是每個人不管願不願意，都會踫上的問題。

【前言】——世紀災難

這是一個無法簡單解決的問題，也是一個如果不能解決，就會影響每一個人日常生活的問題。

——聯合國秘書長安南

現在任誰也說不清楚，當公元2000年來臨的時候，到底會發生甚麼樣的狀況，產生的問題又會嚴重到甚麼程度！

——聯合國副秘書長康諾

自聯合國設立以來，可能還不曾針對一個來自科技領域的問題，如此大張旗鼓地召集了來自一百二十多個國家的代表開會。

1998年12月11日，聯合國總部召開了一項秘密會議，連聯合國秘書長安南和副秘書長康諾都親身與會，並發表重要談話。會議討論的主角，正是大家「似曾相識」的Y2K（Year 2000, K代表1000），也稱爲千禧蟲

（Millennium bug）。

聯合國所以會如此大張旗鼓地討論千禧蟲，只因爲全世界已經被各種形式和架構的網路連在一起，牽一髮動全身，單一國家和機構的問題，可能擴散成無法評估的災難。

經濟學者擔心千禧蟲不只是資訊系統的問題，自１９９７年以來就呈現寒冬景象的國際金融市場有可能雪上加霜；而印尼街頭暴動的殷鑑不遠，千禧蟲萬一讓政府和產業部門出錯，難保不會導致社會動亂。

然而，大部分的人顯然並不了解問題的嚴重性。

中國大陸一位工程師曾以「大卡車撞向自己」來形容千禧蟲災難——大部分人在車頭強烈燈光的照耀下，都茫然不知所措。

在企業內，員工認爲千禧蟲是老板的問題，老板認爲是資訊部門的問

題，資訊部門卻苦於資源不足，又得不到相關單位的充分配合；在社會上，民眾認為千禧蟲是政府的問題，政府卻苦於不管如何認眞宣導，派出專業團隊，願意免費為廠商做評估和改善計劃，還常常吃閉門羹。

有人形容，雖然千禧蟲末日說是個大笑話，但是為了觀看世界末日，全球人類以乎正盡一切的努力使笑話成眞。

面對這個全球性、世紀性，又和個人有絕對切身關係的大問題，當然沒有人有這種等著看熱鬧的涼薄心態，但是輕忽確實將使災難的程度和範圍加乘擴大。

因此，１９９８年12月11日這一天，來自一百二十多個國家的代表經過一天的密集討論，做成幾項決議，其中一項即呼籲各國政府，將千禧蟲問題當作現階段最緊急的問題來處理，甚至必要的時候，要動用世界銀行的基

金，來幫助因財力匱乏而對解決行動遲疑的國家。

這項決議，無異向世界宣佈了千禧蟲問題的嚴重性。也使所有的人了解到，千禧蟲絕對不是某人、某單位、某企業、某組織、某國家的問題，千禧蟲是每個人不管願意不願意，都會碰上的問題。

因爲千禧蟲會影響電力、自來水、通訊、金融、飛安、醫療……等等與人類生活密切相關的體系，此外，一些危險度極高的系統，如核能電廠、核子武器……等，也存在著千禧蟲的問題。

千禧蟲倒底有沒有可能引發核子大戰，這部分的問題，我們放在嵌入式晶片——一種微小的電腦——的章節中討論。在此之前，先讓我們自問題的源頭——甚麼是千禧蟲，千禧蟲又是如何產生的，逐一爲您抽絲剝繭。

第一章

甚麼是千禧蟲

七〇年代，記憶體貴如黃金，任何一個程式都要儘量瘦身，以兩位數表示年份，造成資訊系統無法分辨二〇〇〇年與一九〇〇年，此外，千禧蟲還有個分身叫閏年蟲！

這些蟲子可能在所有的資訊系統裡搗亂！主機系統只是冰山的頂角，個人電腦是大問題，崁入式系統更可怕！你有沒有想過核能電廠會出事？而核子武器安全嗎？

千禧蟲的由來

那些在人類生活中無所不在的資訊系統，不可缺少的便利工具，只因爲一個小小的日期錯誤，就可能變成踢倒八卦爐的孫悟空，大鬧天上人間，眞是不可思議！同時，我們只要了解千禧蟲可能造成的危害有多大，就很難相信，千禧蟲原來是從那麼簡單的問題衍生出來的。

我們生活中大部分的資訊系統都是採用兩位數來紀年，1998年的12

千禧蟲源於採用兩位數的紀年

月31日在資訊系統中變成12／31／98，1999年1月1日就變成01／01／99，資訊系統就是利用MM/DD/YY或DD/MM/YY（即月月／日日／年年或日日／月月／年年）的方式來表示年份，但是當年序來到公元2000年的1月1日，資訊系統將無法分辨01／01／00這組數字，究竟代表著1900年的1月1日，還是2000年的1月1日。

從1999到2000，我們都很清楚是一年，然而01／01／00和01／01／99之間，對電腦來說，差別就是99年！

因此，所有利用年份來計算、比較、排序和編輯的軟硬體都將因爲日期的混淆，而產生錯誤——資料流失、系統當機、控制失效、程序紊亂，其中有些錯誤是不可回復的，對於依賴資訊系統日深的人類來說，因這樣的錯誤所產生的損失和災難無法估計！

值得注意的是，千禧蟲不僅在公元２０００年１月１日跨日的時候發作。還有其他日期的表示方法，也會造成系統錯誤。

因爲有些程式設計師喜歡使用數字來表示程式命令，所以系統的日期訊號同時又是程式執行動作的命令，如此，當日期欄位形成某些特殊的數字排列時，就會導致系統做出錯誤的動作。

另外有一些程式設計師根本就沒想到，自己開發出來的程式會使用那麼久，所以把系統的終結日期訂得太早了，使系統的使用不能跨越特定的日期。

還有一些粗心的程式設計師只考慮到逢百不閏的閏年規則，卻沒有考慮到閏年修正的另一條規則，逢百不閏的每四百年要計算成閏年，即公元２０００年、２４００年、２８００年……依此類推即閏年，使得某些系統無法

處理公元２０００年的2月29日。

爲甚麼？唉！別忘了，資訊系統蓬勃發展可是20世紀70年代以後的事，公元２０００年還是資訊系統碰到的第一個一百倍數的閏年。總而言之，人類還是資訊世界的初級生，很多狀況還搞不清楚。

此外，許多牽涉到未來日期使用的業務，千禧蟲的危害都會提前到來。例如金融業的票券到期日、貸款年限、定存到期日、其他行業的維修排程、產品有效日期……等等。事實上，近年來在資訊系統上使用到未來期限的計算、比較、排序和編輯都曾發生過問題，只是一般企業礙於形象，或者害怕挨告，儘可能地不公佈此類問題。

千禧蟲的分身——閏年蟲

千禧蟲除了本尊——一般人認爲的公元2000年1月1日之外，它還有個分身——閏年蟲，由於西曆紀年無可避免的誤差，也就是一年的時間不可能恰好就是365天分秒不差，所以必須定出閏年來修正這種誤差，一般來說，閏年的規則如下：

民國紀年並沒有十一年的緩衝期

規則一：每四年有一次閏年；

規則二：碰到一百年就不是閏年；

規則三：但是第四個一百年需計入閏年，例如公元２０００年、２４００年、２８００年……，依此類推。

而許多程式設計師只注意到逢百不閏的規則，卻沒有注意到每到四百年，就要計算成閏年的修正規則，所以公元２０００年的時候，有些資訊系統就無法正確處理2月29日這多出來的一天。

因此，在千禧蟲的測試過程當中，只要是千禧蟲的攻擊日，都需要一一檢測，才可確保我們的設備和資訊系統可以安然地避過千禧蟲「地雷」。

千禧蟲據說還有另外一個分身，就是百年蟲，某些聯想力豐富的中文資訊系統使用者，還以此沾沾自喜，以爲在千禧蟲的「末日審判」中，台灣被

判了「緩刑」11年。

他們以為民國紀年還在兩位數，88年、89年、90年……，所以要到公元２０１１年，也就是民國100年的時候，台灣的中文系統才會因年份欄位不足而產生問題。

持這樣看法的人忽略了一件事實，台灣多數資訊設備和應用軟體都是從國外橫向移植過來的，資訊系統內的民國紀年，絕大多數都是依據公元紀年經過計算後得出的。實際的狀況是這樣的，在轉換的過程中，有的中文系統僅僅在輸出入的畫面和輸出報表上使用民國紀年，而在系統內使用的還是兩位數的公元紀年。

不管用那一種方法，民國紀年都是用兩位數的公元紀年減去11得來的，例如１９９９年的末兩位數99減去11就是民國88年，但是碰到公元２０００

年的時候，系統卻是拿00去減11，資訊系統有可能誤判成民國11年，有的日期欄位不能接受負數，於是就可能在輸出的時候，告訴您這是「不可能的日期」！更慘的是資訊系統當機！辛辛苦苦建立起來的資料庫可能毀於「旦夕」，輸出的報表也可能不知所云。在這方面，中國的資訊系統因爲從一開始就採用公元紀年，所以也就不會產生「緩刑」的誤會了。

千禧蟲攻擊日

所以說，千禧蟲將提前在２０００年的前夕引爆，並且持續影響到２０００的年末，或更久的未來！因爲某些特定的日期在資訊系統中具有特殊的定義。

美國聯邦金融檢查局（FFIEC）就針對美國的情況提出了十三個不吉日

期，我們更進一步參照本土的資料，修改成十三個台灣版的千禧蟲發動攻擊的D-day。

１９９９年4月9日	１９９９年4月9日是１９９９年的第99天，使用julian date（註）形式計算日期的系統程式，日期欄位將變成「９９９９」的排列，某些程式設計師又將「９９９９」定義爲終止或最大值，當系統中部分程式的日期呈以上顯示時，有可能導致系統異常終止或錯誤。
１９９９年9月9日	同樣是９９９９的問題。
１９９９年12月31日	千禧年的關鍵日期
２０００年1月1日	千禧年的關鍵日期

２０００年１月３日	２０００年第一個營業日
２０００年１月10日	（１／10／２０００）欄位中第一次出現七位數的日子。程式修改後，欄位寬度是否足夠，程式是否能夠正確處理這個日期。
２０００年２月28日	系統是否能夠正確處理閏年，會不會當機？
２０００年２月29日	系統是否能夠正確處理閏年，會不會當機？
２０００年３月１日	29日之後應該是3月1日，有的系統會產生2月31日這種無效日期。
２０００年10月10日	（10／10／２０００）欄位中第一次出現八位數的日子，程式修改後，欄位寬度是否足夠存放，這個程式是否能夠正確處理日期。

２０００年12月31日　２０００年的第３６６天，考驗閏年處理是否正確（閏年表示一年有３６６天）。

２００１年９月９日　某些網路軟體因爲日期索引的欄位欄寬不足而造成排序的錯誤。

２００１年12月31日　部分軟體預設此日爲產品使用年限的最終日期。

註：凱撒日（julian date）原本使用於天文學，以公元前４７１３年1月1日格林威治標準時間12點當作基礎，往後的日期都用一日一日累加的方式產生，而不是以月、日的方式來區隔；使用在資訊系統中的 julian date 有些改以年爲區間，一年中的日子都以1月1日爲基礎累加而來，例如１９９９年的第99天就是１９９９年的４月９日。

溢出來的時間

由此看來，千禧蟲問題的源頭其實是很單純的——因爲使用兩位數紀年，所以年份欄位不足，造成年序錯亂。

那麼，當初爲什麼不直接用四位數紀年呢？這樣不就一切都沒問題了嗎？

原因很簡單，資訊系統剛發展的時候，實在是太貴了，在１９７０年的時候，16K byte 的記憶體價錢就要一萬美元，由於容量實在太小，因此在那個時候，任何一個程式都必須儘量的瘦身，因此有那個程式設計師膽敢寫出ＭＭ／ＤＤ／ＹＹＹＹ四位數的紀年模式，老板一定以爲他存心搗蛋而叫他走路。現在16M byte 的記憶體想買還不容易買，因爲太便宜了，沒人要賣！後者的容量比前者大上一千倍，但是價格卻與前者有天壤之別。

因此，在那個資訊系統記憶單位貴如黃金的年代，程式設計師用兩位數來表示年份是很正常的。事實上，在讀卡機的時代，也就是１９６０年左右，設計師還曾經用過一位數來表示年份呢！

然而，沒有人及早發現千禧蟲問題的存在嗎？答案肯定是有的，根據資料顯示，在１９７０年代，也就是資訊系統才開始用兩位數紀年的時候，就有人預測兩位數紀年無法延續到２０００年，屆時就會發生嚴重的問題。

一來記憶體實在太過昂貴，電腦的功能也沒有那麼強大。二來，當時沒有一個程式設計師認爲自己所寫的程式會用到今天。他們卻沒想到，由於人類習慣使然的結果，程式設計師們因循舊人的窠臼，不約而同地都採用兩位數的公元紀年。

隨著時間的累積，處理千禧蟲問題的複雜度增加許多，千禧蟲在資訊系

統中的「位置」，更增加千禧蟲問題處理的困難度。

冰山殺手——無所不在的嵌入式晶片

幾年前剛開始有千禧蟲報導的時候，大家都以爲這類型的問題和大型電腦系統最有關係，只要將相關程式修改好，就沒有甚麼問題。

那知道愈接近千禧年，愈發現問題沒有當初所想的那麼簡單。原先的認知，只是浮上海面的冰山一角，海面下才是大問題的所在。美國的千禧年專家尤頓（Edward Yourdon）指出：「主機系統只是冰山的頂角，個人電腦是大問題，嵌入式系統更是可怕。」尤頓所說的嵌入式系統就是用微電腦晶片控制的各種自動化裝置和設備，可說是一種看不見的電腦，隱藏在機器內，很難檢查或修改它的控制程式，是最令人頭疼和擔心的所在，一旦處理不

當，極有可能導致生產停頓、企業癱瘓、危害公眾等重大事故。

每一個嵌入式裝置都可視爲一部單機電腦，因爲它們通常都具有邏輯運算和記憶的功能，也就是說，它們相當於個人電腦裡的中央處理器（ＣＰＵ）和記憶體集合在一起。在系統中，嵌入式裝置接受訊號，按照設定好的指令，做出對應的動作。

通常它們以單片晶片存在的形式最多，所以又稱爲嵌入式晶片，或嵌入式微處理器。由於它們體積很小，又深埋在系統的內部，同時，它們在系統中的作用，通常不會有詳細的說明，所以這個部分就特別容易在千禧蟲的清查行動中被忽略。

大部分嵌入式晶片的功能在生產的時候就被固定下來，即使好不容易找到有問題的晶片，除了更新之外，也很難在晶片上做修改和測試。

正因爲嵌入式晶片很重要，又很難清查，所以尤頓才會稱它們是冰山沈在水面下最大的問題所在。在處理嵌入式晶片的千禧蟲問題時，我們可以要求原設備供應商提出千禧蟲檢測報告，更換零件也需要他們的協助。

只要是按照時間做間歇性動作，或者必須輸出入日期的嵌入式晶片，都有可能受到千禧蟲的影響。

英國電氣工程師協會（ＩＥＥ）列了一長串的名單，詳述那些設備可能隱藏與時間有關的嵌入式晶片（可以在 www.iee.org.uk/2000risk 找到）。以下只摘錄跟你我較相關的重要訊息：

□辦公室

電話總機、傳眞機、影印機、打卡鐘、行動電話、照相機及視訊攝影機；

□建築物與相關設備

備用發電機、消防設備、空調設備、電梯、保全系統、監視設備、門禁系統；

□製造和流程控制

生產線、給水設備、廢水處理系統、製造機器人、品管儀器、可事先預約的生產設備；

□交通通信設備

飛機、船、油輪、飛航管制系統、雷達系統、交通號誌、停車場管理系統、電話交換機、衛星（如ＧＰＳ全球定位系統）、資料交換設備；

唯一的好消息是測速照相可能當機。

□銀行金融業

自動提款機（ＡＴＭ）、信用卡聯線系統、讀卡機、金庫、監視攝影裝置；

□其他

環境監測設備、氣象裝置……等等。

嵌入式晶片幾乎無所不在，它們隱身在核電廠、軍艦、潛艇、油輪、飛機、生產線、醫療儀器、通訊設備、核子武器的內部，平時像個小隱士般沉默不語，卻可能在特定的日子裡，爆發出嚴重的破壞力。

令人擔心的是核能電廠會出事嗎？核子武器會受到千禧蟲的影響嗎？

如果嵌入式晶片發生錯誤，發電機冷卻系統的閥門開關不正常，導致爐心過熱、輻射外洩；或者，偵測系統會傳出錯誤的訊號，使操作人員產生錯

誤的判斷，並做出錯誤的操作決定！

國際間對於核能電廠的監督相當嚴密，每座核能電廠至少要接受三個不同國際組織的稽核，理論上，核能電廠發生事故的比例並不高，但是，核能電廠卻是不能發生事故的地方！

因爲核能災害的風險是人類無法承擔的。在第二章裡，我們將舉出兩個發生在國外電廠的實際案例，存在電廠資訊系統中的千禧蟲，會造成一般發電廠的當機事件。

上萬件核武的危險

就美蘇兩大核武國家來說，美國總共有八千四百件核武，其中有二千四百件處於警戒狀態，只要有一件核子武器發生事故，就會導致成千上萬的人

死亡，並且毀滅好幾座城市，甚至是半個國家；一件核子武器的事故，也可能引發全面的核子戰爭！

在這些核子武器系統中，大約有五千種不同的資訊系統協助核武操作。俄羅斯目前也有六千二百件核子武器，其中有二千件處於警戒狀態。美國安

嵌入式裝置無所不在，包括核子武器裡面都有。

全委員會（ＢＡＳＩＣ）就指出，俄羅斯用在核子武器上的早期警報系統非常老舊，可能導致嚴重的後果。

美國安全委員會也指出，美國國防部直到最近才了解，千禧蟲未必作用在核子武器本身，卻會影響核子武器的指揮系統。他們引述美國戰略司令部指揮官理察．邁爾斯將軍（Richard Miles）的話，美國核戰指揮系統（STRATCOM）還有十一項重要系統沒有修改好，而且修改的進度落後很多，另外還有十二項系統尚在測試中。

美國國防部次長柯恩（William Cohen）曾經要求負責STRATCOM的單位提出進度簡報，該報告雖然沒有列入機密文件，但是美國參謀首長聯席會卻禁止這份簡報流傳出去，直到美國安全委員會根據資訊自由法案要求他們提供報告。

美國安全委員會研究了這份報告之後，非常擔心 STRATCOM 在限期內完成修改系統的能力。

美國的情況如此，俄羅斯的狀況可能更糟，俄羅斯前任總理戈巴契夫就說，他很擔心俄羅斯的核子武器會出問題。

千禧蟲在技術上是個簡單的問題，但卻是管理上的大問題。如果像核子武器這樣危險的系統管理不善，就有可能引發人類浩劫。

迷失方向的定位器

在人類新近發展出來的資訊系統中，有一個非常重要的系統，它的發作日期和別的系統都不相同。

ＧＰＳ（Global Positioning System）的中文名稱是全球定位系統，它是

由二十四顆在太空中運行不停的人造衛星，以及地面監視站和一大堆軍用和商用接收器所組成的立體網路，它的作用是透過數個衛星之間的點對點測量，可以將地球上任何物體的位置精確地計算出來。

全球定位系統如果沒有在1999年

千禧蟲會使全球定位系統（GPS）失去正確定位的功能。

的8月22日以前完成修正，部分ＧＰＳ訊號接收器內部的日期將因爲欄位溢位的問題，而被重新設回１９８０年的1月6日。

雖然日期回歸看起來不過是個小問題，但是位置居於接受器後端的資訊系統會被混淆，因爲系統接收到的日期不連續。如果所有的接收器所傳送的日期訊號都是錯的，系統可能拒絕接收到的訊號，如果只有部分的接收器傳回錯誤的日期，那麼系統也可能因爲矛盾的訊號而產生當機。

由於許多民用和商用的ＧＰＳ接收器並沒有經過合法的申請，只是接收ＧＰＳ的溢波作爲商業的運用，因此，雖然美國國防部（ＤＯＤ）宣稱在１９９９年的年中，就可以徹底解決ＧＰＳ所有空中和地面控制系統中的千禧蟲問題，但是接收溢波的部分就要靠廠商自行解決了。

此外，等到２０１９年4月7日，部分ＧＰＳ接收器將第二度因爲欄位

溢位的問題而產生錯誤的日期顯示。

全球定位系統具有優越的定位功能，除了民用交通工具愈來愈依賴它來辨別方位，軍方也使用它來定位戰機、戰艦，以及部隊的位置，如果定位系統發生上述的日期欄位溢位的錯誤，戰鬥機具和人員可能因此迷途，並進而引發軍事對立的國際事件，在比較敏感的敵對地區，更有可能引起戰爭。

擦槍走火的軍事衝突

近代最有名的一次戰役，是美國與伊拉克之間的波灣戰爭，這次戰役完全顯露了現代戰爭的特質：遙控化和電子化。

也就因爲如此，那些嵌入武器和偵察工具裡面的晶片，以及連線的超級電腦都有可能發生千禧蟲問題。

如果防衛系統失效，將可能造成敵方躁進，輕啓戰端；全球衛星定位系統失去功能，戰艦、戰機可能迷航，闖入敏感區域或他國領海、領空而不自知。

根據軍事專家的說法，千禧蟲可能導致軍方指揮通聯系統失靈，後勤補給困難，以及錯誤的軍情判斷。

如果軍隊的偵測系統受到千禧蟲的擾亂，軍隊立即成爲明眼的瞎子，無法預先偵知敵人的行

劍拔弩張的軍隊，有可能因為千禧蟲製造的小小意外，而引發全面的大戰。

動，錯失防衛和反擊的先機。更可怕的是，錯誤的訊息導致錯誤的決策和行動，使原本不該產生的衝突爆發。

超級電腦協助軍方分析情報以及模擬戰況，尖端的通訊設施幫助指揮中心更可靠地傳達命令，也幫助第一線的尖兵更迅速地反映戰情，如果這些系統都失效的話，也許不用敵人進擊，也會發生自己人打自己人的狀況。

現代化軍隊的後勤補給作業就像商業中的配送系統，每一個流程都由資訊系統掌控，一旦發生千禧蟲問題，也會造成整體的作戰能力下降。

１９９８年12月31日，香港就發生過一件實際的例子，海軍指揮船艦進出港灣的資訊系統當機了，幸好事件不是發生在敏感的軍事區域，所以沒有引發意外事故。但是，如果同樣的系統使用在海上，而且是在敏感的敵對區域內，誰也無法保證一定不會出事。

洩漏有毒化學物質

除了戰爭和核武，千禧蟲還可能引發其他的公眾災害。

美國海岸巡防隊的資訊主管那卡拉少將（George Naccara）就說，隱藏在油輪和岸上輸油幫浦裡面的嵌入式晶片可能有千禧蟲問題。而如果這些幫浦出了狀況，就有可能造成嚴重的海灣漏油事件。

爲了節省成本，現代化油輪都儘量採用自動化設備，資訊系統取代了船員，但是也增加發生千禧蟲災害的風險。

嵌入式晶片如果發生問題，會使船隻「死」在海上，位於舊金山的雪佛朗石油公司（Chevron），就因爲擔心船上的嵌入式晶片可能發生問題，所以在１９９９年的12月31日，將避免在一些狹窄的海峽和港口行駛和操作油輪。

美國政府還相當關心千禧蟲跟化工業之間的關聯，因爲化工業有許多危險的化學產物，美國柯林頓總統特別指派他的Ｙ２Ｋ委員會主席柯斯金（John Koskinen）召開「化學品安全與Ｙ２Ｋ」會議，會議中有關化學品的製造、使用和運輸過程都列入議程，以免在１９９９年的年末到廿一世紀初，因爲疏忽千禧蟲的處理，而造成嚴重的環境災害。

製造業的生死線

嵌入式晶片大量地存在於各種生產機具和設備裡，所以千禧蟲有可能引起嚴重的工安事件，而同樣無所不在，又到處聯線的電腦更容易發生千禧蟲問題，兩者一起出狀況的結果，是資訊系統的大混亂，不但破壞人類的正常生活，同時，千禧蟲也攻擊製造業，而它所製造的問題，往往令人料想不

到。

福特公司說，如果不是及早發現，公元２０００年放完假以後，所有的員工都將被鎖在工廠門外。因爲公司裡在門禁方面的保全系統有千禧蟲。

很多工廠的生產過程都用到易燃氣體，例如一種在半導體工廠經常使用的silane氣體，只要接觸到空氣就會引燃。而控制氣體流量的閥門只要發生一個錯誤，就有可能引發可怕的工安事件。具有毒性的生產過程也是如此。

嵌入式晶片加上電腦軟硬體，也會使製造業蒙受意料不到的損失。

中國的石油總公司也指出，千禧蟲將使石油產業面臨一場難以想像的災難。中國石油總公司五十套的石油煉解設備，有四十八套受到千禧蟲影響可能失控，而遍布各地的二萬四千一百一十八個地質探測器中，約有30%有千禧蟲。如果這些設備沒有在期限前完成修改的工作，中國的能源供應就會出

大問題。

生產設備的當機，也會影響投資大眾。

台灣的證期會已經宣佈，如果上市、上櫃公司因爲千禧蟲問題導致資訊系統及製程控制系統當機，或造成生產停頓，公司的股票可能被處罰暫停交易。

美國發生過兩件眞實的案例，一家製藥工廠銷毀了一批過期的庫存藥品。事後才發現這批被銷毀的藥品根本就沒有過期，自動化的倉

千禧蟲會造成管理上的困擾，例如年資的計算可能得出負數

管系統將２０００年的保存期限誤判成１９００年，所以這批藥品竟然被判定過期了一百年。一家生產蕃茄罐頭的工廠也碰到類似的問題，才從生產線生產出來的罐頭，轉眼就被打入廢物場，原因同樣是資訊系統年序誤判。

１９６５年進入公司的員工，如果在２０００年以後退休，可能領不到退休金。因爲他的年資經過計算之後，成爲負數。

00-65=-65。

更糟糕的狀況是資料庫資料流失。

千辛萬苦開發出來的客戶檔案，或是以高價購得的客戶資料可能毀於「旦夕」，公司一些重要的存檔記錄或單據也可能憑空消失。

如果以上的情況不幸發生了。對於講求掌握資訊，就是掌握先機的現代商場而言，損失可能不是金錢可以衡量的。資料消失可以想辦法回復，重要的檔案不見了，也可以想辦法重建，可是延誤的商機卻是一去不回。商業競

爭的原則就是，一旦你開始落後，就可能永遠處於劣勢。保持優勢不容易，可是要追上贏家更難。

第二章

千禧蟲可能引發的災難

如果不認真地解決問題，千禧蟲就可能引發無法預估的人類浩劫。然而一般人在未明瞭真相之前，對千禧蟲災難說抱著半信半疑的態度，渾然不知道千禧蟲就在我們生活四周。

試著閉上眼睛，仔細在心裡默想一下，從每天起床開始，我們會接觸到多少資訊系統？家電、電力、飲水、電話、交通號誌、捷運、電梯、電腦、銀行……數不勝數，現代人已被資訊系統淹沒，而千禧蟲就是資訊系統中的千年病毒，所以甚麼情況都有可能發生，任誰也躲不過千禧蟲災難。

說到千禧蟲，有兩個重要的觀點經常被模糊，一個是千禧蟲災難眞有專家說的那麼可怕？另一個就是千禧蟲災難對我有甚麼影響？

有關千禧蟲肆虐的訊息，直到最近才在新聞媒體上密集出現，所以人們對這些狀況還不清楚是可以理解的。但是，若干的事實也顯示，千禧蟲早在十數年前就在某些資訊系統中引爆，當時也許影響不大，所以沒有引起太多的注意。然而，隨著電腦科技不斷深入人類生活的每一個層面，千禧蟲籠罩我們的陰影也愈來愈龐大。只是，對於千禧蟲災難的全貌，我們還處在霧裡看花的階段。

國外例子：紐約大停電 Part II

1996年5月21日，美國長島市發電廠發生火災，結果造成廿萬以上

的紐約居民度過一個黑暗和恐怖的夜晚。當時正是下班時刻，人們在伸手不見五指的漆黑街頭遊盪，無法辨別方向，耳邊只聽到警笛刺耳的尖鳴，偶而可以在街角碰到燃燒的篝火，但是人影恍惚，更增心頭不確定的恐懼。幸好，在全市警察全力出動下，沒有更大的災難和混亂發生。

現代電廠充滿了各種資訊系統和嵌入式晶片，如果公元２０００年前後，千禧蟲造成電廠自動控制系統當機，那麼，這次停電的範圍可能不限於一個城市！

當然，將千禧蟲災難做無節制的演繹和擴大是不正確的，但是，現實世界的眞實案例卻歷歷在目。這些案例告訴我們，忽略千禧蟲對人類生活的攻擊，同樣也是不正確的態度。

千禧蟲剛開始出現在傳媒舞台的時候，有些專家認爲千禧蟲的威力被過分地渲染，但是經過實際的檢測之後，這些專家們開始改變態度，他們之中

有人成爲熱衷的千禧蟲「佈道家」，將自己親身與千禧蟲交手的經驗分享大眾；有人在灰頭土臉之餘，再也不敢提出千禧年絕無問題的保證。

頓失光明的世界

夏威夷電力公司的工程師原本對自己的資訊系統信心滿滿，但是在一次針對千禧蟲所做的時間模擬測試中，他們發現電廠的控制系統會自動停止作業。

也就是說，如果不是事先檢測出來，公元２０００年跨年的時候，夏威夷的電力供應會瞬間中斷。影響的深度和廣度，無法估計，除了造成對電力依賴甚深的民眾生活上的不便，製造工廠的設備可能損壞，醫院無電可用……等等，都會引發連鎖的不測災難。電力公司也會碰到眾多用戶要求索賠的訴訟行動。

歐洲一片黑暗

另外一次電廠停機事件發生在英國。

英國電廠同樣以跨日檢測的方法測試發電系統，結果當全廠控制系統跨越千禧蟲發作日期的時候，工程師發現發電機組的溫度異常地急速上升，值班工程師立即下令停機。

進一步檢查發現，冷卻系統其中的一個控制閥門在跨日時自動關閉。而歐洲許多電廠都採用和英國一模一樣的設計，如果這個閥門會在英國產生問題，同樣的控制系統就有可能在其他的電廠內製造同樣的問題。

對於一座發電廠來說，沒有比電機工程師或電廠的值班主任更了解發電廠的運作，然而一次當機事件和一次發電機冷卻系統故障事件令我們了解到，沒有一個系統的專家，可以明白地告訴我們，他的系統絕對不會出問

題，或者他的系統萬一出了問題，會有多嚴重？

誰敢說沒問題？

「2000年相容」是一種標準，意指任何廠商所提供的服務和商品已經完成千禧蟲的修正工作，或是產品經過檢測，沒有千禧蟲的問題。

澳洲的Macquarie電廠向新聞媒體宣稱，該公司已經完全依照進度，完成了千禧蟲的防治計劃，換句話說，Macquarie電廠是一座2000年相容的電廠，不過，電廠方面卻不願意對社會大眾提出完全沒有問題的保證。

Macquarie電廠說，2000年前後誰知道還會發生甚麼事情，沒有一家公司肯做這種沒有絕對把握的保證。

在電廠停機事件和不願提出絕對保證的背後，隱藏著一個嚴肅的問題——千禧蟲必須經過實證的檢驗，才能查明問題的狀況。

然而，我們卻不能等到災難發生以後才來清點損失！

台灣例子：小蟲子大毛病

聯合利華公司（Unilever）因爲做千禧蟲檢測，而導致工廠停工的例子，在台灣千禧蟲防治的宣導活動中，經常被拿出來討論。聯合利華的總工程師康之政也因爲到處演講，分享千禧蟲的防治經驗，而被業界譽爲「Y２K先生」。

剛開始的時候，聯合利華的資訊

部門像夏威夷電廠的工程部門一樣，對自己的系統深具信心，因為聯合利華台灣廠很早就做了單機的修正和測試工作，所以，資訊部門深信，全廠應付千禧蟲絕對沒有問題。

一堂課三億元

1997年9月8日，康先生接到他的上司，何立國協理的一封電子郵件，信中請他針對洗衣粉工廠和傳眞機再做一次千禧蟲日期模擬測試。

9月24日，聯合利華的工程師們將機器的時間設定在1999年的12月31日，測試跨過假設的公元2000年，千禧蟲是否會對工廠的運轉產生影響。

第二天，也就是9月25日，康先生進入公司，發現洗衣粉工廠整個地停止運轉。進入控制室一看，一位值班的技術人員坐在地上，面前攤開所有的

技術手冊，正抱著頭苦思，另一位工程師則坐在控制桌前，低下頭不敢看他。

檢測結果證實，聯合利華的生產流程有著潛伏的千禧蟲問題，在公元2000年跨日的時候，會造成部分機器停機，影響所及，是整個洗衣粉工廠停工。

該次測試造成三億元新台幣、停工三週的損失。

聯合利華的工程師終於了解到，他們以往所做的單機測試並不能保證整個系統無事。雖然個別的單機都做了修正，但是來自網路上其他裝置的日期信號蓋掉了單機裡的日期修正，使生產線依舊產生「千禧蟲故障」。

換另一個角度思考，只要系統中有一台單機產生千禧蟲故障，也會造成整個生產製程的停頓。

測試一次損失三億，聯合利華為其他的組織和企業付出了昂貴的千禧蟲

學費。

這堂課不是告訴我們千禧蟲絕對碰不得。相反地，如果輕忽生產線上的千禧蟲問題，等到發作的日期一到，損失一定不會只侷限在一條生產線、一個部門，或一間工廠而已。聯合利華的教訓告訴我們，不管您身在那個組織、企業，或政府部門，趕快展開全面的清查行動。

聯合利華即刻對企業體內的每一個單位都做了全面清查，問題像滾雪球一樣，愈查愈嚴重。

聯合利華生產化妝品的旁氏工廠也存在著千禧蟲的問題。

旁氏工廠內的資訊系統，會將生產過程中的配方記錄下來，做爲追蹤管理之用。但是經過測試，發現資料庫無法接受公元２０００年以後的日期。屆時系統會將輸入的資料銷除。例如配方中原本記錄了180公升的純水，結果

在公元２０００年以後，資料欄位裡的數字卻變成「０」。

「資料消失」在任何的資訊系統中，都是一個極度嚴重的問題。相當多的工廠都具備自動化的生產設備。未來幾個月以後的訂單，可以在今日就設定進工廠的控制系統中，這裡面包括了生產日期、生產流程的安排，原物料的管理等等。

假設這樣的系統與公元２０００年是不相容的，發生的錯誤就不僅僅是資料遺失如此單純而已。生產線有可能不照原先的設定生產產品，甚至又發生當機，造成全廠停工，對公司來說，延遲交貨的損失不算，還賠掉了更寶貴的商譽。

更糟糕的是，如果配方或製程發生錯誤，生產出不合規格的產品，而品管系統又沒有立即檢驗出來，一旦流入市面，就不只是商譽損失而已，公司

還得面對消費者保護的訴訟。

經過清查之後，聯合利華還發現，千禧蟲會出現在任何想像不到的地方。

到處都是蟲子

比如說，如果沒有及早發現，聯合利華可能在公元２０００年開工不久，就接到環保單位開出的罰單，因爲他們的廢水處理系統會在跨越公元２０００年的時候瞬斷停機。停機兩個鐘頭之後，細菌分解槽中的細菌會因缺氧大量死亡，廢水中的污染物質也就無法進行分解。

瞬斷停機原本可以用「復歸（reset）」鍵重新開機，但是公元２０００年的１月１日正好是假期，１月３日，不知情的工作人員上班之後，按下復歸

鍵，未完全處理完畢的廢水排入工廠外的田地或水溝……

除了洗衣粉工廠、化妝品工廠和廢水處理廠，聯合利華還查出酵素分析儀也會產生日期顯示的錯誤，而這種儀器在醫院裡常常被使用到。

一套新購入的電力監控設備也有問題，電話自動回復系統也出狀況，甚至連傳眞機這樣普通、常用的設備，都會輸出錯誤的日期。

聯合利華實際的例子，再次說明——沒有經過檢測，誰也不知道問題會在甚麼地方出現。

千禧蟲並不是神出鬼沒，只是人類愈來愈依賴自動化和資訊化的機具，這些機具在我們生活中隨處可見，在我們居住的環境中，就有這些高科技的產品，小自咖啡壺、大哥大，大至電梯、消防設備，只要其中有一個具備時間計算功能的晶片，這個機具就有可能在公元2000年的元旦出狀況。

也許我們會覺得，生活中的自動化設備太常見了，偶而出點狀況是可以

接受的。電梯平時不也會故障嗎?大哥大更是常常不能通話。

但是，在千禧蟲發作的敏感日期，如果沒有經過事前的檢測和修正，大批的設備和機具可能同時故障，這其中還包括一些具有高度危險性的設備，如核能發電廠、軍方的通聯和防禦系統、毒性化學工廠的生產設備……

千禧蟲是在特定時間集體發作的問題!它不侷限在某個點上，也不侷限在面上，而是整體通通受影響!

事情還不只這樣，只要系統中某一個很小的點發生災難，災害擴散的影響可能遍及全體。

日本例子：禍不單行

1997年的2月1日，日本愛新精機工廠發生火災，生產停頓，造成

的影響是，2000多家工廠因而受到嚴重衝擊。

愛新精機是豐田汽車PV煞車器的衛星工廠，在整個汽車生產體系裡，只佔很小的比例。爲甚麼愛新精機的一場大火，卻燒出了豐田汽車整個上、中、下遊產業的大災禍？

我們從時間點的先後來分析整個事件爲何像滾雪球般一發不可收拾？

△1997年2月1日，愛新精機火災停工。

△1997年2月3日，豐田汽車20家工廠中，有12家被迫停工待料。

△1997年2月4日，豐田汽車停工待料的工廠增加到19家。

△豐田汽車在4天後才找到另外一家供應商生產材料，整個生產體系才又重新恢復正常生產。

事後，豐田公司統計，在短短的四天內：

△豐田汽車在日本的19家工廠生產線停工，總計有七萬輛各型車種的汽車延遲交貨。

△風暴所及，豐田衛星工廠總共有２０００多家受到這次停工的影響。因爲減產和停工，日本中部電力公司也因此減少供電70萬仟瓦。總計有數十萬員工因此被迫休假。

愛新精機一間工廠的災難，卻使２０００多家工廠同時受到影響，數十萬員工被迫休假！

資訊大核爆

然而千禧蟲比這還可怕，因爲千禧蟲的發作模式是：

同一時間多點集體發作！

每一點的錯誤會造成更多的錯誤！

難怪有人會以資訊核爆來形容千禧蟲可能造成的災難。

一個錯誤的資料撞擊另一個資料，使它產生錯誤；這個錯誤資料再撞擊別的資料，就像分裂的原子核撞擊別的原子核，產生更多分裂的原子核，最後是資訊系統的「大爆炸」。

現今的人類社會，從政府到民間，依賴資訊系統的程度日深。只要有一個單位或企業發生嚴重的千禧蟲問題，透過綿密的電腦網路，就可能形成全面

的風暴。

千禧蟲的衝擊是全面性的，民間不要以爲是政府的問題，員工也不要以爲這是老板的問題，如果企業或產業因千禧蟲的影響造成衰退，甚至倒閉，最後必然導致總體的國力大幅下降，民眾也會受到蕭條和失業的波及，造成更大的社會問題。

解決千禧蟲問題，也要整體性地解決，不能個別解決。

千禧蟲還是一次絕佳的體檢機會，企業和組織如果沒有備妥危機處理方案，先是未能防患於未然，繼則發生緊急事故沒有補救措施，如此只會使原先只如星星之火的災禍，引燃成一發不可收拾的燎原火勢，徒然增加許多無法預估的損失。

沒有人能躲過千禧蟲

千禧蟲絕對影響一般人的生活，因爲：

在我們生活中，資訊化系統和自動化機具到處都是。

如果沒有經過檢測和修正，千禧蟲會在同一時間多點集體發作！每一點的錯誤會造成更多的錯誤！

人類的金融制度面臨崩潰

我們的錢存進銀行，就變成一個個的數目字，這數目字以0與1的電腦訊息儲存在銀行的資訊系統中，這資訊系統又記錄著某段時期，我們帳戶中全部的進出狀況。存摺或其他的憑證，是我們查察帳戶內金錢變動的唯一依據。

我們可能在某銀行的甲分行裡存進了二萬元，這筆交易資料透過資訊系統的連線，輸入總行的資料庫中；過了三天，我們另去乙分行的自動提款機準備提領二萬元，該分行的提款機連線到分行的電腦，分行的電腦再連線到總行的資料庫查詢，確定我們的帳戶內有二萬元足以提領，我們才可能領到錢。

試想其中任何一個環節，包括網路的連線系統內有千禧蟲的問題，我們可能就領不到急需的二萬

別讓千禧蟲奪去你的辛苦所得！

元。

□財產憑空消失

中央銀行金檢處副處長賴鎮戌即表示，根據金融機構「Y2K應變計畫」硬性的規定，每一個金融機構都必須在1999年12月底前，將銀行與客戶之間的交易記錄，存入磁碟備檔，並且列印出來，以免在公元兩千年跨年之後，產生錯帳糾紛。

這項要求是財政部的強制命令，到時候央行、財政部和中央存款保險公司都將查核銀行是否落實該項規定。

中央銀行總裁彭淮南在立法院答詢時也指出，1999年6月底以前，各行庫如果沒有和央行一起完成千禧蟲修正專案，央行將停止和這些銀行往來。負責金融機構跨行連線的財金資訊公司也在1999年1月20日表示，

如果金融機構不能在1999年年底以前完成連線測試，財金公司會要求未完成測試的金融機構退出連線系統。

政府部門慎重其事地制定出因應措施，那麼我們又該採取甚麼行動，保護自己的資產？

千禧年日漸逼近，如果存在金融資訊系統內的資料，眞有銷毀的可能，那麼在2000年的前夕，我們就該設法留下可資憑證的存款記錄和資產證明，以防財產憑空消失。更重要的是，將部分或所有的錢轉存到願意提出公元2000年相容保證的銀行。

既然銀行的資料庫可能因千禧蟲當機，那麼提款機就有可能擺烏龍，在1999年的年末，我們是否也該提領一些現金在手邊？

既然銀行可能會出問題，其他的金融體系又如何呢？

台灣的股票交易市場愈來愈資訊化，所有的股票再也不用存在保險櫃

裡，而是統一保管在集保公司，客戶手上擁有的是一本集保存摺，以及每日和每月的對帳單，以此來當做進出的憑證。有沒有想過，如果集保公司的資料庫也發生千禧蟲問題，集保存戶記錄和交易記錄全毀會發生甚麼樣的狀況？

電子轉帳和交易是否會停擺？原本一筆要軋進來的錢卻轉不進來……同樣，證交所已經規定，證券商如果在1999年8月以前無法通過證交所的千禧蟲專案測試，證交所就會拒絕該券商下單交易。

中國大陸的證監會也在1999年的2月10日到13日，對中國所有的證券營業機構進行連網測試。

□連美國政府都要準備現金

事實上，金融市場是相當敏感的，因爲擔心公元2000年利率會大幅

波動，已經有不少市場人士藉著買賣利率期貨來避險。此外，黃金和黃豆的期貨也呈現上揚的局面。

美國聯邦準備理事會（ＦＥＤ）的官員也宣佈，他們準備了500億美元的現金來支應千禧年可能出現的金融危機，這500億現金的計算基礎是以每個家庭大約需要500美元，來購買一些民生必須品。

美國知名證券商摩根．史坦利公司（Morgan Stanley）的高階資訊主管凱文．派克（Kevin Parker）說過：「由於全世界金融機構的資訊系統都連線在一起，千禧年最糟的狀況就是全球金融瓦解。」接著他又澄清說，這是極不可能發生的情況，除非我們全體對千禧蟲災難置之不理，並且不想付出實際的改善行動。

凱文．派克的擔心不是杞人憂天，台灣的中央銀行、證交所和中國的證監所也不是神經過敏。我們從今天起，就該密切注意千禧蟲的發展，想妥個

千禧年的時候，要注意你所有的帳單

人防衛的措施，並且配合政府、企業、組織進行千禧蟲防治專案。

□信用卡不刷也爆

既然銀行有可能出大麻煩，那麼有「塑膠貨幣」稱謂的信用卡呢？

根據專家推測，可能會發生以下的狀況——一筆信用卡消費$15元，循環信用利息18%，從12/15/99到01/15/

00，也就是從公元１９９９年12月15日到２０００年的1月15日，將產生$819051624的應繳金額！

信用卡公司還沒向我們追討這筆離譜的應繳金額之前，可能先被憑空出現的大筆錯帳搞得焦頭爛額？

事實上，以上的假設並非空穴來風，因爲早在幾年前，美國連鎖零售商店Market Day就發現讀卡機不能判讀公元２０００年以後到期的信用卡。

爲了防止今後類似的事情再發生，兩大信用卡公司萬事達卡（MasterCard）和威士卡（Visa）共花了數百萬美元解決問題，並且到全球每一個據點去測試信用卡讀取設備，確定可以讀取公元２０００年以後的新卡。

□會讓你破產的帳單

信用卡的發卡銀行可能會寄給我們天文數字的帳單，那麼其他的帳單呢？例如電費帳單、電話費帳單、天然氣帳單……有沒有可能發生問題？

當然過份離譜的帳單很容易就會被檢查出來，但是如果不是那麼離譜的錯誤，就很難查覺出來了。

公元２０００年前後，必須留意所有收到的帳單，金額和過去比較起來是不是偏高，一個隨手的小動作，可以幫助我們減少無謂的損失。

如果缺少人員的重複稽核，國稅局的資訊系統會不會以爲我們拖欠了一百年的稅？爲了防止此類烏龍事件，最好的做法就是徹底完成公元２０００年防治專案。

此外，長天期的契約會提早引爆千禧蟲！

美國社會保險總署（Social Security Administration，簡稱ＳＳＡ）在10年前就碰上千禧蟲。因爲保險是屬於長天期的契約。在十年前就會碰上到期日爲公元２０００年後的狀況。他們爲了解決問題，已經投入了２８００員人力，其中包括700位專業程式設計師，計劃到１９９８年的年底，才初步完成修正的工作。但是，美國社會保險總署表示，如果銀行不能配合解決千禧蟲的工作，美國社會保險總署還是有發生錯誤的可能。

在網站上，有人公開反駁千禧蟲災難論，認爲千禧蟲是個被過分高估的問題，是電腦和資訊廠商爲刺激買氣而製造出來的陰謀。其實，沒有人希望千禧蟲對人類的生活造成巨大的危害，只是資訊化設備深入人類的生活，而千禧蟲又有「同一時間多點集體發作！每一點的錯誤都會造成更多錯誤！」的特點。在沒有人知道會發生甚麼事之前，小心防範不失爲最佳策略。

國外電廠的測試工作也給予我們同樣的啓示，低估千禧蟲對發電和供水

的危害，才是公元2000年會斷電斷水的主要原因。正如前面所提到的，在未做模擬測試之前，很多電廠的工程師和主管都信心滿滿，可是一旦做完日期模擬測試，每個人都被千禧蟲整得灰頭土臉。

可見愈來愈自動化的電廠和自來水公司，其實隱藏著很多千禧年年序錯亂的問題，如果人們繼續輕忽千禧蟲的影響，不想發生的災難就會發生！

沒有水、沒有電、也沒有電話

國外電話公司曾做過日期模擬測試，結果電話無法正常通話。除了一般的通信聯繫之外，預計許多企業和組織的通聯系統將遭到波及，例如線上會議系統、跨國公司連線網路，以及蓬勃發展中的網際網路（互聯網路）。除此之外，千禧蟲還會影響電話費計費系統，每間公司本身的總機系統也可能

有千禧蟲的蹤跡。

千禧蟲對人類的影響有些來自心理層面，美國民眾擔心跨越公元２０００年的時候，自來水的品質會降低，造成淨水器缺貨，訂單已經排到七個月以後。擔心缺水也使舊式的汲水工具缺貨。

許多生產過程需要用到自來水，但是各國政府面對千禧蟲的態度緩急不一，跨國的可口可樂公司就非常擔心，它們遍布全球的飲料工廠可能發生缺水缺電的狀況。

寒冷地區的民眾也擔心電力中斷，所以燒柴火的爐子也出現缺貨的現象。

據說是第一個發現千禧蟲，並且寫信警告美國各大公司的比爾·尚恩（Bill Schoen）說，他會在家裡準備發電機、燒柴火的爐子，還有罐頭食品。比爾表示，即使千禧年沒有發生任何嚴重的災難，他還是可以把罐頭慢慢地

吃掉。

□紅十字會要人儲備糧食

比爾．尚恩杞人憂天嗎？無獨有偶，美國紅十字會列出了一張清單，提醒民眾在公元２０００年前後儲備下列物品：

食物、飲水、醫療藥品、現金、毛毯、保暖衣物等等。

紅十字會的專家表示，他們並不想引起民眾的恐慌，只是想叫民眾防患未然而已。因爲如果沒有事前警告，一旦眞的發生停水停電，或其他的緊急狀況，才會引起民眾恐慌心理，造成瘋狂搶購。

除了停水停電之外，也有一些非緊急的系統會出狀況，例如美國發行樂透彩券的 GTECH 公司就表示，經過測試，搖獎的電腦會在特定的日子裡當機，所以他們考慮在１９９９年9月9日前後，暫停樂透搖獎活動。

不要等到電話不能通話，才來怪罪千禧蟲找我們的麻煩

致命的醫療千禧蟲

醫療體系是一個緊急體系，人命關天，不能出錯。誰也不希望下列的狀況在醫院裡面發生：

醫療儀器如維生系統或監視系統當機，加護病房值班人員無力應付突然且大量的緊急狀況，病患生命垂危；

血庫管理、器材管理、醫囑系統與行政作業無法正常運

作。

X光機或電腦斷層掃描產出的報告日期錯誤。病歷亂成一團，或者從系統中消失不見。保險給付也出了差錯，造成患者無錢就醫的窘境。

以上的描述很可能發生，因爲醫療儀器也必然有千禧蟲的危險。

台灣長庚醫院總共清查出三類醫療儀器可能發生的錯誤：

□計算性錯誤

例如檢查骨密度的儀器必須輸入受檢者的出生日期，並據此推算該年齡的正常骨密度，而千禧蟲所引發的年序錯亂可能影響計算結果，造成醫師診斷錯誤。

□排序性錯誤

先進的醫學檢查儀器如電腦斷層掃描等，會依照檢查時間排序，將檢查結果匯入個人的病歷檔案，如果儀器有千禧蟲的問題，檢查結果雖未必受到影響，但是病人的病歷卻會產生錯誤。

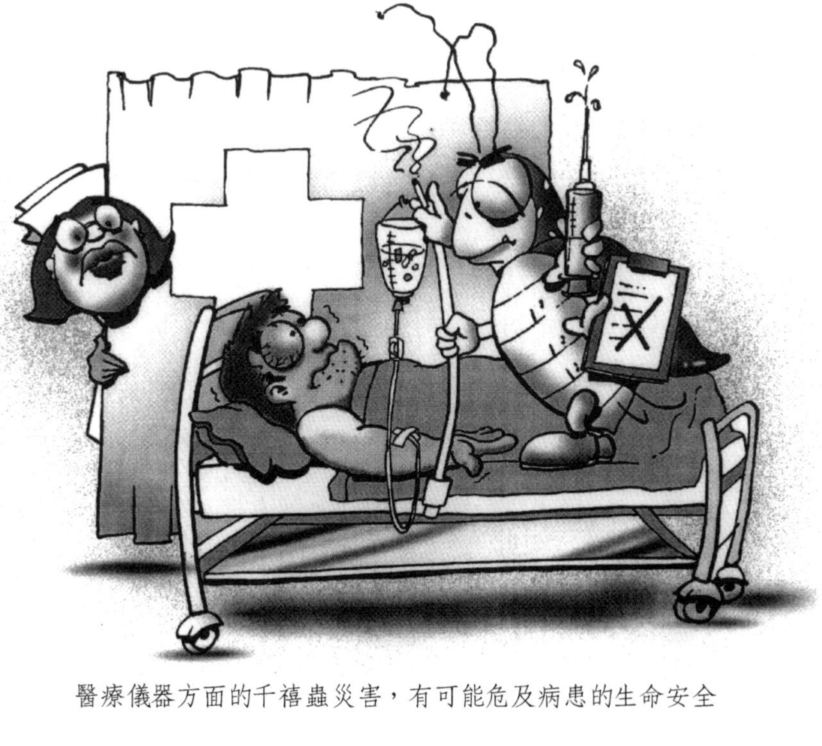

醫療儀器方面的千禧蟲災害，有可能危及病患的生命安全

□劑量的錯誤

這是一種最嚴重的醫療錯誤，例如癌症患者必須經常接受放射線治療，而放射線治療儀器會依據患者的年齡調整劑量，如果千禧蟲導致錯誤的年齡計算，患者就會接受到錯誤的劑量。

國外也有報告指出，千禧蟲的確存在醫療儀器和輔助的資訊系統內。根據新聞報導，美國一家知名公司所生產的醫療儀器，已被證實有千禧蟲的問題，但是官方宣稱，錯誤只是列印的報表所顯示的日期不正確，對於儀器的功能沒有直接的影響。

美國食品暨藥物管理局（ＦＤＡ）已經出面協助廠商解決問題，但是他們擔心這只是冰山的一角，可能還有其他的問題沒有被發現，因此，他們無法預估屆時的傷害倒底有多嚴重。

另外一家跨國的電腦公司也挨告，它們所製作的一套醫療軟體，有千禧

蟲的問題，甚至連跑程式的硬體也一併發生問題。

雖然醫療器材已被證實可能隱藏著千禧蟲的問題，但是，根據台灣衛生署的調查顯示，列管的五十一家大型醫院，迄今沒有一家完成醫療儀器設備的千禧蟲改善專案，另外七百多家小型醫院根本就忽略了這個問題。

衛生署因而擔心公元２０００年將爆發大量的醫療糾紛，在１９９９年1月20日的署務會報中，也決議對醫院採取強力的措施，要求所有列管的醫院在１月底前完成千禧蟲清查工作，６月底前完成修改測試工作，否則如果因千禧蟲導致醫療糾紛，衛生署將停付相關的健保費用，並公告醫院名單，以保障病人的權益。

千禧蟲引發空難？

醫療體系的資訊系統可能還不是最複雜的一種，看過電影「危機任務」

（Tuebulence）的觀眾一定對片中的自動飛行印象深刻。

該片描述一架747客機在起飛後不久，正機師和副機師就在和歹徒搏鬥過程中喪命，機上一位求生意志強烈的空中小姐，依靠另一架747客機機長的指導，竟然能將飛機安全地降落。

做不好飛安千禧蟲的防治工作，就應該停飛！

原來747客機具有自動飛行的功能，只要輸入機場的名字和跑道的編號，飛機就會按照設定好的程序，做一連串的飛行動作，直到到達目的地爲止，整個飛航過程中，只需要少量的人員操作。看完影片，對現代客機的性能，不由得興起嘆服之心。

□空中交通混亂

然而，也因爲現代化的航空載具，以及機場導航設備無處不有資訊系統，因此，千禧蟲會不會在公元２０００年的前後「搞飛機」呢？在航管體系方面，依據交通部民用航空局提拱的資料，我們了解目前台灣的狀況是：

台灣的飛航服務總台主要是利用「航管自動化系統」，來進行航機的飛航管制作業。「飛航自動化系統」在電腦硬體方面，包括 IBM4381 大型主

機、RS/6000 工作站、數據機和印表機都沒有千禧蟲的問題，有問題的智慧型終端機和航圖顯示器正以人工程序修正補救。在應用軟體部分，航路系統的應用軟體使用六位數日期組合，即 dd/mm/yy，因此確定會將公元２０００年誤認爲１９００年，當飛航計畫的航機起飛時間輸入電腦後，會造成與時間有關的各項飛航資訊發生錯誤，導致管制員無法獲得正確的航機起降資料，而引起空中交通秩序混亂。至於終端管制系統的應用軟體，經檢測不受千禧蟲影響。

爲了解決航管系統千禧蟲的問題，飛航服務總台已經委託系統維護承包商資策會進行系統軟體的修改和測試工作，整個專案預計於１９９９年的３月底以前，完成修改測試並實際上線操作。

□２０００年跨日不坐飛機

至於航機飛行安全方面，台灣的專家指出，飛機的操控系統應不只一個時間來源，如果所有時間的計算都喪失的話，飛機就不能起飛。

美國飛機製造公司波音公司也說，如果有類似的狀況發生，飛機就會被鎖定在機庫裡。

但是，美國《CIO Magazine》特別向負責千禧蟲專案的高階主管詢問一個問題：「公元２０００年跨日的時候，你會坐飛機嗎？」結果有63％的人回答說：「不！」

□飛安資訊系統複雜

中國民航也認爲飛安上的千禧蟲問題沒有那麼單純。因爲飛航是一個高科技的領域，使用到太多資訊系統和電腦設備，還有各單位的系統裝備不統

一，新舊雜陳，增加千禧蟲測試和修正的複雜度與困難度。中國民航爲了督促轄下的民航公司高階主管，能在期限前解決千禧蟲的問題，還特別安排在公元2000年的元旦，請這些負責人通通去坐飛機。

美國聯邦航空局（FAA）的主管珍．加維（Jane Garvey）也要在1999年的12月31日凌晨12點坐飛機，珍．加維要從美國的東岸起飛，跨越四個時區到美國西岸的加州，珍．加維想以親身試乘的方式，來爲美國的飛安打包票。

□有問題就停飛！

一家跨國電腦公司的負責人坦承，由他們裝置在美國二十幾個航管中心內，處理遠距離飛行的四十部電腦可能來不及做千禧蟲修正，但是報導中沒有提到爲甚麼來不及做修正，以及如果來不及做修正會發生甚麼樣的狀況？

我們也不知道在千禧蟲危險期愈來愈接近的今天，這二十個航管中心有沒有更新設備的計劃和預算。

相對於地面的航管體系，有的航空公司已經擬妥對策：

有問題的地方就停飛！

荷蘭航空（ＫＬＭ）是第一家宣佈可能在公元２０００年前後停飛部分航線的航空公司，ＫＬＭ就認爲有些國家的航管體系可能做不好千禧蟲因應。

美國西北航空公司已經花了5仟5百萬美元，解決公司內部和飛機上的千禧蟲問題，但是他們也擔心他國的航管系統，能否在期限前做好千禧蟲防治專案，因此西北航空也宣佈說，隨著危機愈來愈迫近，他們有可能停飛部分的國際航線。

□航空保險千禧蟲除外

英國和美國的保險公司已經在航空公司的保險契約中，加入了千禧蟲除外條款。

英國的保險公司公開表示，如果航空公司沒有做好千禧蟲因應專案，他們就會取消這些航空公司的保險契約。保險公司的高層主管擔心飛機上的電腦，會在飛行的途中出狀況，他們呼籲所有的航空公司，如果做不好千禧蟲防治專案，就應該馬上停飛。

國際民航飛行員聯合會（ＩＦＡＰ）也舉行了一連串的緊急會議，籲請航空公司抵制那些沒有做好千禧蟲防治專案的機場。

我們發現，有關飛安的千禧蟲問題眾說紛紜，令人莫知所從。如果千禧蟲發作日非得搭飛機怎麼辦？最低限度，打個電話問問航空公司，他們所有的座機是否與千禧年相容，同時目的地的機場是否完成千禧蟲專案。如果得

不到滿意的答覆，那就學學美國影星兼歌手芭芭拉·史翠珊吧，她取消前往紐約麥迪遜廣場的2000年新年音樂會，因爲從她的老家洛杉磯到紐約要做長程飛行。

第三章

不解決千禧蟲的後果

有人說，千禧蟲是世紀的進化篩選，有人說，千禧蟲是一場零和的競爭，問題最少的地區就是明日的贏家！

國家和企業，如果能藉千禧蟲的試鍊，改善生產設備、解決管理的沉痾、提升公司的競爭力。那麼所花的每一分錢都會產生附加價值，並使企業和國家在這場世紀篩選中，取得優勝的地位，否則即是落後與沉淪！

千禧蟲問題，是危機，也是轉機！

聽夠了壞消息，千禧蟲是否也有好的一面呢？

有的，千禧蟲既然是如此巨大的危機，其實它也是一次巨大的機會。千禧蟲既是一個災難，同時也是一種進化的篩選，及格的繼續享有優勢，不及格的就淪爲劣勢，或被淘汰出局。

贏得商機也贏得優勢

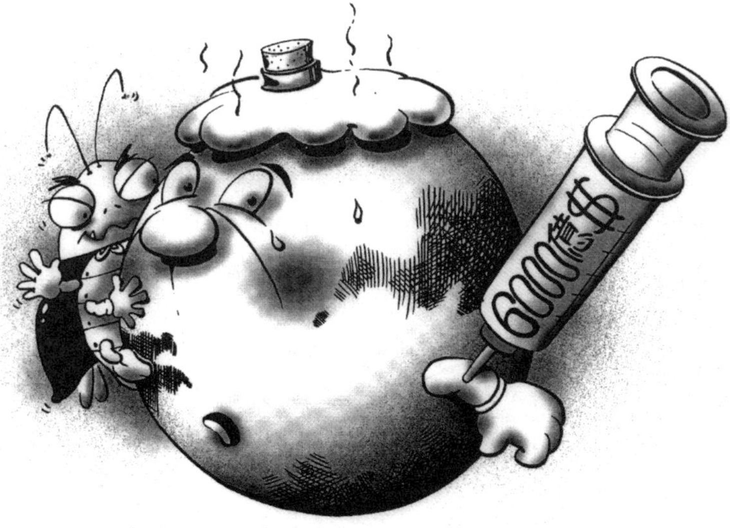

全球防治千禧蟲的經費可能需要六千億美元

千禧蟲解決專案需要動用大筆預算，需要許多專業人力，對資訊行業和設備供應商而言，在在都是商機，即使不分吃這塊大餅，就商業和國力的競爭來說，各行各業在千禧蟲來襲的時候，誰的問題最少，誰就可能成爲最後的贏家。

要解決千禧蟲問題，錢和人缺一不可，美國科技顧問公

英國統計，除了錢之外，防治千禧蟲還需要額外的三十萬專業技師

司嘉納集團（Gartner Group）估計，全球需斥資7000億至一兆美元來解決千禧蟲的問題，其中3000億～6000億美元用來做事前的修正，4000億美元用來處理善後。即使花費了這麼多的金錢，嘉納集團還是預測有50％的公司無法如期完成修正專案，10％的公司將因千禧蟲所造成的業務缺失而倒閉。

英國政府估計全國約需要310億英鎊（約五百億美元）來做千禧蟲改善專案，並且在現有的人力外，還需要額外增加30萬專業的工作人員。

防蟲經費省不得

嘉納集團並估計一間中型的公司，平均有八千支程式需要修改，每支程式修改的費用是450美元到600美元，也就是說，要解決整間公司的千禧蟲問

題，總共需要360萬美元到480萬美元的支出。對於跨國的大型企業來說，「除蟲經費」更是動輒以千萬美元來計算。

美商保德信保險公司總共編列了1億美元的經費，來消滅公司內部的千禧蟲。他們說，光是修改公司內部的1億2仟5百萬行程式，就要花費這麼多的錢。

可口可樂公司也編列了1億3000萬到1億6000萬美元的預算，來爲遍佈全球的工廠和行銷據點驅除千禧蟲。

克來斯勒汽車公司原本想要重新撰寫內部的資訊管理系統（MIS），然而經過估算之後，整個計劃的經費需要80億美元，克來斯勒因此放棄了重寫的計劃，改採較爲實際的策略，只將舊的系統轉換到新的系統上面，但是在轉換的過程中，仍然需要投入龐大的人力和金錢，尤其是對資訊工程師的

需求更是非常迫切。

雖然千禧蟲專案的預算有如天文數字，但是根據專家的估計：如果該解決的問題不解決，到時候公司和組織花在興訟和賠償的費用，可能是切實做改善的10倍。

每一分錢都有附加價值

而且，解決千禧蟲所花的每一塊錢都有附加價值，清除千禧蟲的時候，可以順便改善和提升資訊系統的功能，如此不但解決管理上的陳年老問題，而且還可以提昇組織和公司的競爭力。

在商言商，千禧蟲危機可以成爲某些產業的巨大商機，但是行動要快，更要了解大家的需求在那裡。對那些專精千禧蟲解決方案和工具的個人與公

司來說，千禧蟲的到來，未嘗不是一次「千載難逢」的機會。

1998年年底，路透社發佈了一則消息，這則消息透過網際網路（互聯網絡）的傳播，可以說搞得天下皆知。

消息內容提到，台灣一百萬家中小企業裡，至少有40％，也就是四十萬家對千禧蟲問題採取完全漠視的態度。這則有關台灣的負面報導，可能削減我們在國際上的競爭力，並且，使全體國民形象受損。

主計處也了解問題的嚴重性，所以接著發佈警告說，目前許多國外的跨國公司，已經開始針對台灣的供應商和代工廠進行千禧蟲解決進度清查，沒有做好應變措施的企業將面臨被撤換的命運。

代工已經成爲台灣工業的命脈，命脈都被別人切斷，我們又如何生存？

不解決千禧蟲就沒生意

我們不能怪這些跨國公司太現實，因爲專家估計，只要有百分之十到百分之十五的企業發生千禧蟲問題，幾乎百分之百的企業都會受到連鎖效應的波及。國外愈是認眞解決問題的企業，愈是了解不能輕忽連鎖反應。所以除了卯足全力解決自己資訊系統、生產設備的問題，更是加倍小心，防堵來自企

業外部的影響。具有上、下游關係的組織和企業之間，並因此興起了互相稽核與認證的風潮，許多跨國公司紛紛揚言，要把不符合公元２０００年相容標準的組織和企業，列進拒絕往來戶的名單。

英國的英國石油公司（ＢＰ）即對它一萬五千個來往密切的客戶展開調查，並在１９９９年1月6日公佈調查結果。ＢＰ發現有35％的客戶還沒有開始做千禧蟲因應工作，所以它認爲，這次調查最重要的發現是大家都忽視了「供應鏈的千禧蟲風險」。

摩根．史坦利公司就打算利用一整年的時間，查核評估往來客戶解決千禧蟲專案的進度，以免受到連線骨牌效應的波及。許多大型的國際銀行也祭出了「不解決千禧蟲，做生意就免談」的霹靂手段。

台灣政府積極因應

千禧蟲災難已經演變成一場赤裸裸的生存競爭，就像一場進化的篩選，只不過這次誰爲千禧蟲專案付出的努力愈多，誰就愈有可能成爲最後的贏家。

相對於某些掉以輕心的地區，1999年12月31日最後一秒鐘的「的搭」一響，就是災難的開始。即使社會沒有因爲千禧蟲危機而脫序，但是，喪失了競爭的先機，原本的市場商機可能被安然度過千禧蟲的國家大幅超越，因此與先進國家之間的差距愈來愈大。

台灣的經濟奇蹟主要靠製造業起家，製造業就佔了國民生產毛額的三成多，服務業雖然佔了百分之五十，但是服務業像銀行、報關……等行業如果失去製造業作後盾，也將急速地萎縮。

相對於中小企業完全漠視千禧蟲的問題，台灣政府的反應是相當積極的。

台灣政府有鑑於千禧蟲對社會經濟、國計民生影響重大，而且時機緊迫，乃於1998年4月通過「公元兩千年資訊年序危機緊急應變方案」，希望結合政府及民間的力量，共同加速解決千禧蟲帶來的各種危機。

行政院將能源、電信、醫療、金融、交通、企業等各層面的千禧

認真與不認真之間，千禧蟲等於使國力重新洗牌

蟲防治工作，責成各相關部會負責控管，每月定期開會，彙報工作進度。

而此應變方案對民間最大的幫助是資訊提供、技術服務和經費補助三項。

□在資訊提供方面

主計處、資策會及工業局都在網際網路（互聯網路）上設立千禧蟲專業網站，提供國內、外與千禧蟲相關的最新資訊，網站通常設有ＦＡＱ（Frequently Asked Qrestions）解答區，針對一般民眾最常問到的千禧蟲問題，編整出一套詳盡的解答。有的網站並且開闢專家信箱，由資深的顧問解答各界的問題。

□在技術服務方面

工業局委託資訊工業策進會、中衛發展中心、工研院成立Y2K技術團，從一九九八年九月至十二月間到各個高度核心和重點的公司，做半天到二天的訪視，目前總共訪視了八百家大型和中型的企業，同時也針對企業界提供系統轉換與測試驗證方面的技術支援，專案稽核管理方面的服務，以及開辦了相關的訓練課程。

千禧蟲問題沒有寬限的時間

□在經費補助方面

由於進行千禧蟲專案動輒需要龐大的資金，因此行政院通過「公司處理公元兩千年資訊年序問題之支出適用投資抵減作業要點」，該要點規定公司處理公元兩千年資訊年序問題所發生的經費，得視同研究發展支出辦理投資抵減優惠。

凡是公司爲了處理千禧蟲所發生的費用，例如薪資，自行購置的軟、硬體支出，以及委外服務的相關費用都可以納入抵減。

關於軟硬體的購置，以汰換有千禧蟲問題的設備爲原則，也就是說，所汰換的設備必須有公元２０００年不相容的証明，如此，新購的設備才會被認列爲抵減的項目。

由於申請投資抵減需要佐證文件，所以企業或組織內部最好責成千禧蟲專案負責人統籌保管各項記錄、計劃、組織分工報表、測試報告、風險評估

報表以及各項費用的單據，以備稅捐機關查驗。

此外，企業還可以依照「輔導中小企業升級貸款（第七期）要點」和「購置自動化機器設備優惠貸款（第八期）要點」，向銀行申請利息相當低的優惠貸款。

中國方面，也由國務院下達了一份「國務院辦公廳關於解決計算機2000年問題通知」，通知中要求「各商業銀行對企業事業單位解決計算機2000年問題所需貸款應積極予以支持。」

經貿與國力重新洗牌

1999年年末到2000年的年初，國際間無論是經貿往來或國力展示，都可能來一次重新洗牌。

槍聲已經響起，不管你想不想參加比賽，競爭早就悄悄展開，遲疑和輕忽的國家，可能從此居於弱勢的地位。

因此，面對千禧蟲的跨世紀競爭策略就是：

·少輸爲贏，不輸全贏。

·掌握契機，重新審視營運策略和資訊計劃之間的配合，並且整合兩者不協調的現狀。

·趁機淘汰低效率的生產作業和技術，導入高產能的技術。

·不妨將千禧蟲危機當作企業危機處理和生存能力的試金石。

千禧蟲專案有一種很奇特的現象，愈是認眞和努力解決的企業，愈了解問題的嚴重性，剛開始的時候，大家多半都會低估千禧蟲。

美國麻州的克特集團（cutter）向一百三十家公司進行調查，其中有百分

之八十五的企業承認，他們低估了千禧蟲成本。

美國的預算管理局（ＯＭＢ）就是最好的例子，原本他們爲千禧蟲解決專案提出的預算只有23億，ＯＭＢ提出預算之初，就飽受千禧蟲學者專家的批評，認爲這個預算偏低得離譜。果然ＯＭＢ在往後一再地追加預算，由原先的23億，追加到39億，又從39億調整到47億，到１９９８年的9月，預算已經跳昇至54億，是當初提案的兩倍還要多。

這種現象反應的不是技術的難度，純就技術層面來說，千禧蟲是很簡單的問題。預算追加的現象，反映出我們面對千禧蟲的時候，剛開始時所抱持的態度輕忽，等到眞正著手去做，才發覺問題遠比當初所想的複雜和嚴重許多倍。

預算可以追加，但是千禧蟲問題的解決方案沒有延後的機會，只要千禧

蟲發作的日期來到，就是死亡線（deadline）。

第四章

解決千禧蟲的方法

千禧蟲是管理上的大問題，因此，企業高階主管責無旁貸。即使我們只是企業的員工，認真配合千禧蟲專案，就是助人助己的最佳策略。個人也可以擬定自己的千禧蟲防災計劃。

總之，既然誰也躲不過千禧蟲，而我們也不想在這場世紀篩選中被淘汰出局。那麼，唯有大家一起認真地解決千禧蟲問題，我們才有贏的希望。

企業贏的策略

亞洲金融風暴席捲了大家的注意力，很多高階主管忙著應付金融危機，卻忽略了另一個即將到來的科技大風暴——千禧蟲。

千禧蟲對任何組織和企業的影響都是全面的，不僅資訊管理系統（MIS）受到衝擊，非

由資訊部門獨自承擔除蟲重任可能面臨失敗

資訊管理系統同樣受到影響。一個完整的千禧蟲專案，需要把生產、物流、庫存、顧客服務、原料與能源的供應、供應商和客戶的應變能力每一個環節都考慮進來，所以，千禧蟲專案需要一個跨部門的小組來處理所有的事務。

美國ＶＲＣ顧問公司的老闆賽力羅（Vince Ceriello）就說：「每個人都把千禧蟲看成是電腦應用系統的問題，認爲把它交給資訊部門處理即可，其實不然，千禧蟲問題只有三分之一是和技術有關，其餘三分之二是和管理營運相關，所以這擔子應該由高階主管和經理來承擔，而非技術人員。」

台灣許多企業都把千禧蟲專案的責任交給資訊部門獨自負責，然而，光靠資訊部門，難以獨力完成跨部門的協調工作，只有高階主管主持專案，並且親自督導，才可能將千禧蟲專案執行時的阻力減到最小。

參考國外大型企業處理千禧蟲的做法，通常是先成立一個跨部門的專案小組，由副總以上的高階主管擔任主持人，召集包含營業、生產、研發、行

銷、財務、總務、法務以及資訊管理人員，共同來解決千禧蟲問題。

典型的千禧蟲解決專案

一般而言，企業的千禧蟲解決專案，通常包含影響認知、系統清查、影響規劃、系統轉換、測試驗證、系統上線等六個階段。而在整個專案的執行過程中，「專案管理」是貫穿整個專案執行過程的重要工作。

□影響認知（Awareness）

這個階段的主要工作，在爭取資源，成立專案小組，統籌推動千禧蟲專案的事宜。其目的在獲得高階主管的認可與支持，並讓同仁對千禧蟲危機有更深入的認識，贏取同仁的認同與合作，營造共同參與的氣氛。

□系統清查（Inventory）

這個階段的重點工作，在徹底清查企業內可能會受千禧蟲影響的系統與設備，全面了解千禧蟲對企業的影響；在清查時，也要注意各系統間的相互關係，因爲牽一髮動全身，一個設備出問題，就會使相互連結的其他設備也出問題。

除了清查所有的資訊系統與機電設備，還要製作清查文件和報表；如果公司原來就有良好的盤點制度，就可以根據設備清單再詳細分類，清查設備是否爲資訊系統，其中具備的軟硬體爲何，以及是否存在

著嵌入式晶片。

外購的設備和軟硬體就找原供應商解決，即使供應商表示系統和設備沒有問題，但切記「口說無憑」，保險的做法還是請他們提供書面証明。

至於自行開發的應用軟體，也可以從相關文件如程式原始碼、程式解說或設計說明書開始著手清查。

清查工作最重要的原則就是避免遺漏，以免系統中還存留著千禧蟲問題，結果導致專案小組白忙一場，或專案工作必須從頭來過。爲了避免類似的狀況發生，有些公司會重覆做兩次到三次的清查工作。

很多千禧蟲專案的顧問坦承，千禧蟲專案只有兩種結果，不是0，就是1；不是成功，就是失敗。只要還有沒被清查出來的設備，整個千禧蟲防治專案就可能失敗！

清單完成後，千禧蟲對單位、企業、組織作業，以及未來營運的影響，也就可以有根據的估算出來了。

然而，企業還得做外部的千禧蟲清查工作，也就是說，和企業有往來的供應商和客戶，最好也能夠了解它們有沒有千禧蟲的因應計劃，以及執行進度如何。而如果清查出有過不了關的廠商，爲了不影響公司的營運，最好能尋找替代的廠商。

因爲千禧蟲災難會透過企業之間的往來擴散，形成更大的風暴，就像前面所提到的愛新精機，一個製造剎車器的衛星工廠發生火災，卻使得豐田汽車上、下游兩千多家工廠接連停工。

因此如果不做企業外部的清查工作，就無法完全脫離千禧蟲的暴風圈。

清查工作進行的同時，專案小組還必須負責蒐集同行裡防治千禧蟲的成

功範例，作爲公司執行專案的參考。

□影響規劃（Planning）

根據清查結果，評估組織和企業受衝擊的程度，提供解決策略給專案負責人選擇，並安排人力、預算的使用計劃。

因爲時間很緊迫，距離千禧蟲發作的日期已經很接近，而且企業的資源與人力有限，有些公司恐怕無法解決所有設備的千禧蟲問題。迫不得已的時

候，也要有緊急應變的計劃，就是採用80／20的原則，挑重點來做。

首先，在做系統清查的同時，就將每一套設備對生產和營運的重要等級評量出來，然後依據組織能夠動用的資金和人力，決定專案工作的優先順序。然而，因爲所有連線的系統都會受到影響，所以只要和主要系統連線的設備，還是必須歸併在重要的系統中優先解決，同時如果專案進行順利，還有時間，就立即進行次要系統的專案計劃。

在影響規劃的階段，如果懂得解決策略的運用，不但可以節省專案進行的時間，同時也可以確保專案的品質。

〔解決策略〕

解決策略是在幫助企業規劃出最省時、品質最好和資源運用最得當的千禧蟲專案。在實行上，企業可以依照系統和設備的重要性，以及企業所能運用的人力與資源，選擇不同的解決策略：

・淘汰更新

淘汰更新是最花錢的策略，好處是比較節省時間，同時也會因爲使用新性能的機器與系統，而提升公司整體的競爭力。

對已經超過使用年限，廠商停產，或已經不再提供支援的老舊設備與資訊系統，應該考慮利用千禧蟲清查的機會，全面汰舊換新。當然這中間牽涉到成本的計算，清查工作做得愈徹底的組織，就愈容易評估出最佳方案。

如果以組織所能召集和聘請的專業人力計算，根本就來不及修改那麼多

的系統，重新購置系統不失爲一種快速解決問題的辦法。同時新的系統通常功能也增強很多，對提昇公司的競爭力有一定的幫助。

不過，新購系統要注意檔案轉換的問題，同時也要把人員重新熟悉系統的時間和訓練經費加總在成本裡。

比價之前，先向廠商索取２０００年相容保證或測試報告，並儘量爭取千禧蟲相關的售後服務。

・修改調整

修改調整最重人力資源的品質和調配。它的優點是花費比較少，但是缺點是專案的進度很難掌握。有時修改調整的工作會愈做愈複雜，完成專案的時間就會受到拖延，但是，千禧蟲發作的時間可是分秒不會延遲。

修正千禧蟲不是很難的技術，只是修改的工作量通常很大。有人做過統

計，平均每五十行指令就會有一行日期指令需要檢視和修正。

而平均每支程式有１５００行，每個亟待解決千禧蟲專案的組織平均又有８０００支程式，如果半年以內要修改完成，就需要四十八位工程師不眠不休地工作。

有些指令的形式一目了然，例如 date=mm/dd/yy.；但是有些程式設計師天馬行空式的語法就很難找出來，例如我們怎麼知道「snowball-breakeven=blossom」代表計算兩個日期的差呢？除非是熟悉這種邏輯的高手，否則很難在幾百萬行繁複的指令中把需要檢測和修改的指令通通找出來。

因應修改調整的困難，許多軟體公司開發出自動偵測和修改的工具，例如：

清查工具：透過這種工具，可以了解系統受影響的程度，有的清查工具可以找出資料庫和共用檔案的相關訊息；有的可以指出程式與程式之間的相

互關係。

修正工具：經由預先設定的變更流程，工具可以自動做日期指令的修改。例如將年份欄位自動由二位數擴增爲四位數。

測試工具：當系統經過人員或工具修正以後，可以透過測試工具尋找錯誤。

然而實用上，大部分的工具功能都不完整，它們沒辦法認得所有的程式和平台，只適用於特定的軟硬體環境，而不是萬效的靈丹。

修正工具可能將程式愈改愈糟，因爲工具不會分辨那些程式和邏輯、運算有關。所以工具雖然可以加快修正進度，卻無法做到百分之百的正確，還是需要人工做修正的品管工作。

因此，工具只能擔當輔助的角色，要徹底解決千禧蟲問題，還得靠「一

步一腳印」地認眞執行專案。

・原廠協助

還在保固期間或有維修契約的系統，一定要找原廠商處理，在解決千禧蟲問題的時候，有一個被大家都忽略的問題，自行修改系統可能涉及著作權中的侵權行爲。即使沒有法律上的問題，自行修改也會影響售後服務和維修契約。

千禧蟲修改和偵測工具不是萬效靈丹

・委外解決

因爲對專案不熟悉，使許多企業在面對千禧蟲的時候，茫然沒有頭緒。委託顧問公司或資訊公司來幫助進行千禧蟲專案，可以借助他們的經驗，和對專案的熟悉度，加速千禧蟲專案的進行。

但是根據國外的經驗，委外解決能做的部分只佔整個千禧蟲專案工作的三到四成，大部分的工作還是必須自己人解決，並且許多企業基於商業機密的考量，也不願意委外解決。

委外解決還要注意顧問公司的信譽，並且要求完工後的「２０００年相容」保證。

・予以列管

就公司的作業和營運來說，不是那麼重要的系統和設備，可以在清查之

後，予以列管，暫時忽略不理，以集中人力與資源，在時效前，完成重要生產設備和資訊系統的千禧蟲專案。等到行有餘力的時候，再來處理這些次要的設備。

・不予處理

如果設備對公司的營運影響輕微，而且又是過時或即將淘汰的老舊設備，則不予理會，以節省專案的人力與經費，並且加快專案進行的腳步。

□系統轉換（Renovation）

當我們擬定好各項設備的轉換策略之後，下一步要做的事，就是執行這些轉換工作。

系統轉換階段的主要工作，就是執行各種資訊系統的更新和修改工作，

如果是委外解決或新購系統，組織仍要積極參與，配合委外包商一起解決系統轉換的問題。

修改資訊系統年序危機的技術很多，但是比較實用的有兩種：

・擴充欄位

將原本只有兩位數的「年份」欄位擴充成四位數。

・分段點設定

在系統中寫入一個小程式作爲分段點，例如以「35」爲分段點，只要是大於35的年份，如50即被歸入1950年。但是20就會被解釋成2000年。

□測試驗證（Testing）

此階段的主要目的在確定整個組織可以順利跨越２０００年，並且運作正常。

通常這一階段是最費時費力的工作，大約要使用到整個專案一半的人力與成本。

由於測試驗證階段是千禧蟲專案的重頭戲，最好預留比較多的時間測試、再測試，而且從單機測試、系統整合測試到模擬測試循序漸進，一樣都不能少。

□系統上線（Implementation）

沒有眞正上線的系統，誰也無法保證毫無問題。最好選一個連續三天以上的假期，萬一出狀況還可以及時切回舊系統，避免影響業務運作。當系統

在上線環境開始運作後，專案小組仍應隨時注意上線狀況。

理想的情況是，與公元２０００年相容的公司新運作環境，最好能在１９９９年７月以前上線，保留半年的調整時間。

由於專案負責人負擔千禧蟲專案成敗的責任，必須確實做好專案管理，並定期召開專案會議，檢查進度和品質，解決資金調度和部門協調的問題，有必要的時候，要重新規劃預算與資源的分配。

即使我們不是千禧蟲專案小組成員，我們還是可以從自己的工作崗位思考，在工作的時候，所使用的設備和機具是否存在著千禧蟲的問題？是否有人對這些系統做過清查和更新？假如對這些設備和機具不放心，我們也可以主動提醒主管部門注意。

由於千禧蟲專案的工作龐雜，牽涉到的事情很多，需要大家分工，像設備的清查就可以由各部門自己做，不能只靠專案小組或資訊部門來清點。其

實我們認眞配合千禧蟲解決方案，就是助人助己的最佳策略，千禧蟲對任何組織的影響都是全面的，無人能夠獨善其身不受風暴的影響，這已毋須贅言。

但是在解決千禧蟲專案的過程裡，還是切忌單打獨鬥或多頭馬車的現象，最好由統一的人指揮，其他的人充分配合。

PC使用者贏的策略

針對全世界處理千禧蟲問題的進度，美國千禧年專家尤頓說：「主機系統只是冰山的頂角，個人電腦是大問題，嵌入式系統更是可怕。」所以解決個人電腦上的千禧蟲問題，就是對整個千禧蟲防治工作做了貢獻。

解決個人電腦的千禧蟲問題，可以先從硬體的模擬日期檢測做起。在此

介紹一種適用於所有系統的模擬日期測試法。

□開機跨日測試

△將系統時間設定到測試日前一日的23時59分ＸＸ秒。例如想做公元２０００年1月1日的測試，就將系統時間設定為１９９９年12月31日23時59分。

△系統跨越測試日零時的瞬間，時間顯示是否正確，是否仍然可以正常運作？

△跨日之後，系統時間顯示是否正

確？是否仍能正常運作？

□關機跨日測試

・將系統時間設定到測試日前一日的23時55分。例如想做公元2000年1月1日的測試，就將系統時間設定爲1999年12月31日23時55分。

・關機超過五分鐘以上

・跨越測試日零時以後，系統是否可以正常開機，開機之後，系統時間顯示是否無誤？

・持續觀察跨日之後，系統時間顯示是否正確，是否還可以正常操作？

如果經過前述的測試都沒有異常，我們的PC大致上沒有嚴重的千禧蟲問題，不過應用軟體或套裝軟體還是得一一測試，比較快的辦法是登上各個軟體廠商的官方網站，負責任的廠商會詳細地告訴我們問題的狀況是甚麼，

並且免費提供解決版本下載。

雖然個別的ＰＣ通過檢測，但是並不代表連上網路就沒有問題，如果有數台電腦架構成網路，就必須做網路的整體檢測。

做模擬日期檢測之前，先想到如何備份系統的資料！

□486電腦

在個人電腦方面，有一個問題因爲牽涉層面相當廣泛，所以必須特別提出來討論。

根據新聞報導，台灣仍有多達四十四萬家的中小企業還在使用486等級的電腦，並且大概有40％的個人用戶和學校，也還在持續使用486等級的電腦。

一般而言，486等級的電腦大部分有兩千年年序錯亂的問題，最好的解

決辦法就是將電腦升級，但是如果有升級方面的困難，而您的電腦又不需要連上網路，同時時間的表示和計算對您來說也不重要，您就可以考慮繼續使用這台電腦，只是要將電腦系統時間往回調罷了。例如您的電腦系統時間現在是在1999年，而您預計在2001年以前會更新，就可以將系統的時間調回到1997年，以換取多兩年的緩衝時間。

一般民眾贏的策略

無論如何，我們都會使用到電腦，上醫院掛號也會使用到醫院的電腦，到銀行領錢也會使用到銀行的電腦，個人甚至在不知不覺之間使用到電腦，例如我們的錄放影機（錄像機）裡面就有嵌入式晶片，而且還有計算時間的功能，要不然就不能預約錄影的時間了。

只要是具有時間計算功能和需要輸出入時間的資訊系統，就有可能受到千禧蟲的侵襲！而由於資訊系統無所不在，所以千禧蟲必定會影響到我們的生活，只是影響程度的大小還難以估計而已。

有人認爲千禧蟲是一個世紀末大災難，就像美國千禧蟲專家尤頓，因爲預估千禧蟲災情會非常慘重，所以

千禧蟲使人類的生活好像走鋼索

搬離生活便利，頗具現代都會風華的紐約，遷往紐澤西鄉下居住。

即使千禧蟲所造成的問題不大，仍然困擾現代人。1999年的1月1日，瑞典三處機場就嚐到了千禧蟲的苦頭，它們的電腦在1999年元旦的零時當機，造成機場航警局無法核發臨時旅遊簽證，對臨時入境或未持有護照的旅客造成極大的困擾。雖然目前我們無法完整描述千禧蟲如何影響個人的生活，以及影響的程度和範圍究竟有多大，但是實際的例証已經証明，如果我們處理不好千禧蟲問題，金融體系、醫療體系、水電供應、電信系統、飛航安全、大眾運輸……等等與生活高度相關的機具和設備就可能出狀況。

機場除了最重要的航管自動化系統之外，入出境管理與海關的X光和行李檢查等週邊服務系統，都有可能受到千禧蟲攻擊。這次千禧蟲襲擊瑞典航警局的事件，雖不至於造成墜機，但是機場作業混亂的狀況則在所難免，如

此活生生的案例，足供台灣民航界與其他產業參考。

由於有些程式設計師慣於借用數字來當做程式執行的邏輯判斷標記，「99」常用來代表程式結束，所以在99年的時候，這些程式會因誤判而意外地停止系統運作。瑞典三處機場事件就像是預警，也像強震來臨之前的小震波，提醒我們做好千禧年前的防範工作。

而台灣在面對公元二千年資訊年序危機問題時，航空、交通、電信等公共事業體系與電力、用水等公營事業的千禧蟲應變能力，攸關產業營運和國計民生甚鉅，因此也特別受到眾人的矚目。

然而，根據行政院主計處最新的統計結果顯示，各體系完成進度落差相當大，警政體系早已完成，電力體系完成率也達到七成五以上，但是交通號誌體系平均則只有四成二左右，醫療體系的進度也嚴重落後。

這些統計都可使我們意識到千禧蟲可能會帶來的衝擊。

因此，個人在因應千禧蟲方面，消極的做法可以參考本書第二章所提到的各種千禧蟲災難，準備個人的防災計劃，最重要的是抱著「不怕一萬，只怕萬一」的心理，多加強事前的防範，仔細清查並保留各項財產的最新紙本記錄，例如股票、保險、定期存單、房地產謄本等。

對於仰仗個人電腦工作的上班族，在千禧年來臨前，最好先備份好自己所有的資料檔案，以免遭逢連鎖反應，導致資料被毀的危險。

另外您也可以參考本書的建議，在1999年的年末，將您的存摺重新登摺，以便留下正確的存款記錄。並提領一些現鈔，以免發生提款機無法運作，家裡等著用錢的窘狀，若是能預先儲備一些糧食和飲水當然更好。

在1999年底過渡到2000年的時刻，除非必要，最好待在家裡，安靜地迎接千禧年的到來，儘量減少旅遊或交通工具的使用，以免碰到像香

港新機場啓用時的慌亂場面，等到兩千年元旦以後，空運狀況穩定了，再安排旅遊行程。

我們都希望能在一切平安順利的氣氛中，迎接千禧年的到來，因此目前社會大眾比較積極的做法，是透過民意代表了解政府專案執行的進度，協助政府和企業一齊來推動千禧蟲的預防工作。

義大利政府在１９９９年年初才宣佈成立千禧蟲專案委員會，並爲起步太晚向其國人道歉。其實國際間在１９９８年前後，媒體就開始成篇累牘地報導千禧蟲危機，如果意大利民眾能在了解千禧蟲風暴之初，就積極地督促政府注意這個問題，政府也不致於向民眾道歉了。

所幸我們的起步並不晚，但是不可否認的，民間企業和個人對千禧蟲的關心度和行動力都不夠，形成政府急，民間不急的景象，事實上，台灣政府在１９９８年就不斷推動各種計劃，要求各部門在期限前完成千禧蟲專案工

作，還以各種優惠貸款和抵減賦稅的獎勵，促使民間也和政府一同採取積極因應千禧蟲危機的態度。因此個人面對千禧蟲這個世紀大災難，對自己的工作單位與身家安全負責就是最好的做法了。

結語

沒有人可以完整地描述千禧年會發生甚麼事，因爲資訊系統無所不在，而且千禧蟲具有：

「同一時間多點集體發作！」以及「每一點的錯誤會造成更多的錯誤！」的特點，所以很難評估千禧蟲的風暴

面對全球性的千禧蟲風暴，別再拖延改善的腳步了！

範圍。

然而根據已知的事實，我們知道千禧蟲至少會影響水電供應、醫療、飛安、金融和企業……

千禧蟲影響每個人的生活，同時它也是每個人的問題。

它是危機，但也是機會。

不管是國家、企業或是個人，誰能夠徹底完成防治專案，誰就能在風暴中立於不敗之地，在競爭中成爲勝出者。

所以，讓我們一起來動手吧！

附　　錄

——有關千禧蟲的網站

我們蒐集並整理了最重要的千禧蟲網站，透過它們，你可以找到更豐富的千禧蟲資料。

有關千禧蟲的網站

大五碼（Big5）類網站

行政院主計處

http://www.dgbasey.gov.tw/dc2000/dc2000.htm

內有〈教戰手冊〉第三、四、五版，教戰手冊是將所有與千禧蟲相關的重要文章編輯成一冊（大部分文章在網站上也找得到），所以看完一本教戰手冊，就等於看完了好幾個千禧蟲網站所蒐集的資訊，強烈推荐！

該網站的另一特色是〈公元２０００年資訊危機新聞集錦〉，不但更新快，而且是全文翻譯，絕對不是新聞摘要而已。

製造業Ｙ２Ｋ服務網站

http://www.y2kmfg.gov.tw/

這個網站的主辦單位是經濟部工業局，經濟部工業局成立了製造業Ｙ２Ｋ辦公室，專責協助產業界解決Ｙ２Ｋ問題，該網站的最大特色是有一個專家信箱，可以向他們提出各種有關千禧蟲的問題，他們會請專家來作答。

經濟部中小企業處

http://smea.cdpc.org.tw/y2k/

中小企業趕快「照」過來，經濟部中小企業處這次爭取到七、八百億的經費，幫中小企業解決千禧蟲的問題，另外還有６％的超低利貸款；中小企業處還要在高雄、台中、台南、新竹、嘉義成立專家諮詢服務團，只要中小企業提出改善計畫或評估要求，他們會在五天之內協助解決。

醫電設備公元兩千年年序危機網站

http://y2kbmd.mc.ntu.edu.tw/

這是一個由行政院衛生署發行，台大醫院製作的網站，有〈醫電設備清查資料庫〉和〈台灣地區醫電設備Ｙ２Ｋ清查資料庫〉，對從事醫療千禧蟲清查工作的機構和人員來講，參考價值極高。

行政院衛生署因應Ｙ２Ｋ資訊網站

http://doh.vghks.gov.tw/

該網站是另一政府設立的醫療千禧蟲網站，特色爲〈現階段各醫療院所因應Ｙ２Ｋ現況〉，可以讓民眾了解醫療院所目前因應千禧蟲的情況，另外還有〈因應公元兩千年實施規範〉和〈醫療Ｙ２Ｋ參考案例〉，行動比較落後的醫療單位可以參考實際的案例，幫助自己儘快找到工作方向。

資訊軟體協會

http://www.cisanet.org.tw/2000/index.htm

這個網站有〈軟協Ｙ２Ｋ任務小組廠商名單〉和〈軟協可提供Ｙ２Ｋ技術專家支援服務公司專長一覽表〉，方便大家尋找千禧蟲解決專案的委外服務。並且有〈軟協公元２０００年資訊錯亂危機任務小組〉的報名表，歡迎擁有「除蟲」專長的公司加入任務小組。

香港特別行政區政府千年蟲網站

http://www.year2000.gov.hk/

有各個行業和政府部門的工作進度報告，同時由科技署提供了一個千禧蟲的英漢對照辭典，解決人們閱讀原文資料的困難。除此之外，這裡也蒐集了許多各國政府的網站，並有宣導影片可以下載。

Ｙ２Ｋ危機A008討論區

http://www.23xx.com.tw/prog/msglist.asp?id=A008

由巧網科技所設立的Ｙ２Ｋ危機討論區，是一個千禧蟲情報的交換中心。

國標碼（ＧＢ）類網站

北京市計算機２０００年問題辦公室

http://2000.beijing.gov.cn/

中國政府也開辦了Ｙ２Ｋ的免費培訓，在這個網站上可以找到相關的資料，同時一般網站具有的Ｙ２Ｋ基礎知識，這裡也都有。

上海市計算機２０００年問題工作組

http://www.infooffice.sta.net.cn/y2k/

有千禧蟲的基本常識，政府的會議紀錄，中國政府處理２０００年問題的最新動態，和位於上海的技術支援。

自治區計算機２０００年問題工作領導小組辦公室

http://2000.gxsti.net.cn/default.htm

該網站是一個相當完備的千禧蟲網站，從問題、解決方案到工具，一應俱全，在〈Ｙ２Ｋ問題在中國〉項目下，分爲國有企業、工貿系統、稅務系統、金融行業、財政系統、証券期貨、中國電信和中國民航等單元，可以了解這些部門處理千禧蟲的情況。此外，千禧蟲工具的蒐集相當完備。

２０００年時間炸彈

http://www.dongguan.gd.cn/user_service/2000.htm

由東莞網絡工程公司提供的千禧蟲網站，有系統地介紹千禧蟲的來龍去脈。

英語（ＥＮＧ）類網站

U. S. Federal Government's Gateway for Year 2000 Information Directories

http://www.itpolicy.gsa.gov/mks/yr2000/y2khome.htm

美國聯邦政府所設立的網站，特色有〈千禧蟲與孩子〉，是向美國的孩童們講解千禧蟲，並有〈國際千禧蟲協議〉、〈總統年序轉換危機顧問〉等內容。

The ITAA Year 2000

http://www.itaa.org/year2000/index.htm

美國資訊技術協會（Information Technology Association of America）的網站，內容有千禧蟲通訊、大事紀、成功案例，以及法律服務，是一個資料相當詳盡的網站。

2k-Times

http://www.2k-times.com/y2kpaper.htm

分類整理千禧蟲的相關文章，每一篇文章之前，並有一段短短的引言介紹，是值得瀏覽的千禧蟲網站。

Electronic Systems Center and The MITRE Corporation

http://www.mitre.org/research/y2k/

在此可以查到２０００年相容的電腦軟硬體名單，並且有費用評估的方法和問題的解決步驟，是了解千禧蟲基本問題和知識的最佳網站之一。

Information Portal On The Year 2000 Computer Problem

http://www.y2k.com/

專長提供千禧蟲的法律服務，由美國一家法律事務所協助設立。在此也不得不感嘆，老美對千禧蟲商機嗅覺如此敏銳，由美國廠商設立的千禧蟲網站在網際網路（互聯網絡）上，可說是成篇累牘，汗牛充棟。

Year 2000 Information Center（tm）

http://www.year2000.com/

提供非常多解決千禧蟲專案廠商的資訊。專題討論時常更新，範圍包含每一領域，如一九九九年一月的主題是〈千禧蟲對農業的影響〉。

Y2K@ Reclamation

http://www.usbr.gov/y2k/index.htm

這個網站號稱將評估所有軟硬體與２０００相容的保證，並且要採取一切的行動來保護公眾和受僱人員的健康與安全。

The Millennium Problem in Embedded Systems

http://www.iee.org.uk/2000risk/guide/home.htm

由英國電氣工程協會所設立的網站，專門探討嵌入式晶片所造成的千禧蟲問題。

Institute for Software Quality Automation

http://www.isqa.com/

十個最佳免費軟體和最佳千禧蟲自動解決方案。

Comlinks.com

http://www.comlinks.com/

這個網站分類非常精細，例如分爲政府、管理和法律等不同項目，方便查詢不同領域裡的千禧蟲問題。

THE NATIONAL BULLETIN BOARD FOR THE YEAR 2000

http://it2000.com/

有千禧蟲新聞採訪區、千禧蟲工作機會、千禧蟲問題、千禧蟲解決方案等各式各樣的文章，是一個相當完整的千禧蟲網站。

Y2K Links Database site

http://www.y2klinks.com/

將美國的千禧蟲網站做了最好的分類整理，有軟體、諮詢顧問、新聞討論、免費或共享軟體、法律服務、千禧蟲方案、訓練課程、政府網頁……等等，如果有時間，可以仔細瀏覽各個「超鏈結（hyper-link）」。

國家圖書館出版品預行編目資料

你能懂：千禧蟲危機　／　鄒景平，張成華合著
；-- 初版-- 臺北市：大塊文化，1999［民
88］　　面；　公分. -- (Tomorrow系列；7)
ISBN 957-8468-78-4 (平裝)

1.千禧年危機

312.95　　　　88001881

1 1 7 台北市羅斯福路六段142巷20弄2-3號

廣　告　回　信
台灣北區郵政管理局登記證
北台字第10227號

大塊文化出版股份有限公司　收

地址：_____市／縣_____鄉／鎮／市／區______路／街_____段_____巷

_____弄_____號_____樓

姓名：

請沿虛線撕下後對折裝訂寄回，謝謝！

大塊 LOCUS 文化

編號：TM07　　書名：千禧蟲危機

大塊 LOCUS 文化

讀者回函卡

謝謝您購買這本書，爲了加強對您的服務，請您詳細塡寫本卡各欄，寄回大塊出版（免附回郵）即可不定期收到本公司最新的出版資訊，並享受我們提供的各種優待。

姓名：______________ **身分證字號**：______________

住址：______________________________

聯絡電話：(O)______________ (H)______________

出生日期：______年______月______日

學歷：1.□高中及高中以下 2.□專科與大學 3.□研究所以上

職業：1.□學生 2.□資訊業 3.□工 4.□商 5.□服務業 6.□軍警公教 7.□自由業及專業 8.□其他______

從何處得知本書：1.□逛書店 2.□報紙廣告 3.□雜誌廣告 4.□新聞報導 5.□親友介紹 6.□公車廣告 7.□廣播節目8.□書訊 9.□廣告信函 10.□其他__________

您購買過我們那些系列的書：

1.□Touch系列 2.□Mark系列 3.□Smile系列 4.□catch系列

閱讀嗜好：

1.□財經 2.□企管 3.□心理 4.□勵志 5.□社會人文 6.□自然科學 7.□傳記 8.□音樂藝術 9.□文學 10.□保健 11.□漫畫 12.□其他____

對我們的建議：______________________________

____

____

LOCUS

LOCUS

LOCUS

LOCUS

LOCUS

U0040077

LOCUS